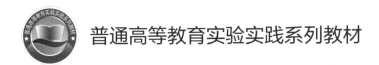

普通高等教育实验实践系列教材

新能源方向认识实习

郭长保　主编

融合教材

中国水利水电出版社
www.waterpub.com.cn

·北京·

内 容 提 要

本书根据新能源科学与工程专业的发展和该专业的人才培养方案以及培养大纲编写而成。书中系统介绍了新能源科学与工程专业的基础课程认知。本书共分为10章，主要内容包括：新能源概述、太阳能热利用技术、太阳能光伏发电技术、风力发电技术、生物质能利用技术、氢能利用技术、储能技术、冷热电联供技术、新能源汽车技术、太阳能供热系统案例分析。本书图文并茂、内容丰富，既能深化学生对新能源知识的了解和延伸，又能培养学生分析和解决实际问题的能力，适应实训教学改革的发展趋势。

本书可作为新能源科学与工程及相关专业的实训教学用书，也可供科研、设计及管理人员参考。

图书在版编目（CIP）数据

新能源方向认识实习 / 郭长保主编. -- 北京 ：中国水利水电出版社，2024. 5. --（普通高等教育实验实践系列教材）. -- ISBN 978-7-5226-2522-5

Ⅰ. TK01

中国国家版本馆CIP数据核字第20245AW367号

书　　名	普通高等教育实验实践系列教材 **新能源方向认识实习** XINNENGYUAN FANGXIANG RENSHI SHIXI	
作　　者	郭长保　主编	
出版发行	中国水利水电出版社 （北京市海淀区玉渊潭南路1号D座　100038） 网址：www.waterpub.com.cn E-mail：sales@mwr.gov.cn 电话：(010) 68545888（营销中心）	
经　　售	北京科水图书销售有限公司 电话：(010) 68545874、63202643 全国各地新华书店和相关出版物销售网点	
排　　版	中国水利水电出版社微机排版中心	
印　　刷	清淞永业（天津）印刷有限公司	
规　　格	184mm×260mm　16开本　12.75印张　310千字	
版　　次	2024年5月第1版　2024年5月第1次印刷	
印　　数	0001—1000册	
定　　价	**60.00元**	

凡购买我社图书，如有缺页、倒页、脱页的，本社营销中心负责调换
版权所有·侵权必究

丛书编委会

顾　　问：魏庆朝　王　强

主　　任：魏丰君

副 主 任：王　燕

委　　员（按姓氏笔画排序）：

　　　　刘　敏　刘春花　宋春花　张春惠

　　　　张妍妍　杨　勇　董　敏

本 书 编 委 会

主　　编：郭长保

副 主 编：张妍妍　王承志　周景田　刘洪绪

参编人员：林　平　路　灵　于洪水　岳　猛

　　　　　魏斯胜　郭仁宁　门立山

前　言

　　应对气候变化是 21 世纪人类面临的共同挑战，新能源是人类解决能源与环境问题的钥匙。2020 年 9 月，中国在第 75 届联合国大会上发言，明确提出了 2030 年前实现碳达峰，2060 年前实现碳中和的目标，即我国力争于 2030 年前二氧化碳排放达到峰值，努力争取 2060 年前实现碳中和。2021 年 10 月，《中共中央　国务院关于完整准确全面贯彻新发展理念做好碳达峰碳中和工作的意见》正式发布。随着"双碳"目标的提出，以化石燃料为主的传统能源已经不能满足新时代的发展需求，亟须培养新能源专业人才。2022 年 4 月，教育部印发《加强碳达峰碳中和高等教育人才培养体系建设工作方案》，要求加强风电、光伏等新能源紧缺人才培养。深化教育教学改革，提高教育教学质量，培养新时代的应用型本科人才，全面推进应用型本科教育发展，是时代赋予应用型本科高校的重要责任。

　　当前，我们正面临新能源技术革命和产业发展的大好时机，为了推动我国新能源技术和产业的发展，促进新能源技术的知识普及以及相关专业人才的培养，本书从应用的角度出发，依据"双碳"背景下新能源的发展趋势和新能源科学与工程专业特点，结合高校新能源专业的实际需求编写而成。本书适合新能源科学与工程专业学生使用。

　　新能源专业的学生在学习专业知识之前不仅要了解新能源发展历程、我国"双碳"目标下国家的政策及行业状况，还要了解有关太阳能热利用、光伏发电、生物质能利用、风力发电等方面的生产、应用知识，掌握新能源的基本利用形式，具有查阅资料和自主学习的能力。本教材在编写时充分考虑了新能源专业人才培养的需求，从学生专业特色的角度出发，重点介绍了太阳能热利用、光伏发电、风力发电、生物质能利用、氢能利用、储能技术、冷热电联产、新能源汽车等先进技术，突出新能源特色，深度结合专业教学改革和课程建设情况，培养高、精、特、专的应用型人才。本教材将指导学生认知新能源领域各方面先进知识。

　　本书主要由郭长保主编，编写第 1 章、第 2 章和第 3 章，并负责全稿的校对与审核；张妍妍为副主编，编写第 4 章、第 5 章；王承志为副主编，编写第 6 章、第 7 章；周景田为副主编，编写第 8 章；刘洪绪为副主编，编写第 9 章、第 10 章。参与本书编写的还有林平、路灵、于洪水、岳猛、魏斯胜、郭仁宁、门立山等，其中德州金亨新能源有限公司高级工程师刘洪绪根据当前新能源企业的人才需求对本教材提出了宝贵意见。在此对所有参编人员和审稿专家表示衷心感谢。同时，还要向书中所附参考文献的作者致以衷心感谢。特别感谢魏丰君院长在本书编写过程中提出的宝贵意见，付出了辛勤劳动。在此谨致深切的感谢！

由于时间仓促及水平所限，编者虽在修编过程花了不少精力，但仍难免存在疏漏、错误，殷切期望广大读者批评指正。

本书编写组

2024 年 4 月

目　　录

第 1 章　新能源概述

1.1　新能源的定义与种类

1.1.1　新能源的定义

新能源，顾名思义，是指新型的、可替代传统能源的能源。新能源的开发和利用，旨在减少对环境的破坏、降低传统能源消耗、提高能源利用效率，是推动能源革命和实现可持续发展的关键。

新能源，也称为非常规能源，主要指那些传统能源之外的各种能源形式。新能源一般是指在新技术基础上加以开发利用的可再生能源，包括太阳能、生物质能、风能、地热能、波浪能、洋流能和潮汐能，以及海洋表面与深层之间的热循环等，这些能源形式或正被开发利用，或正在积极研究中，有待进一步推广。与传统能源相比，新能源普遍具有污染少、储量大的特点，对于解决环境污染问题和资源枯竭问题具有重要意义。新能源技术的发展和应用是应对全球气候变化、环境治理和生态保护的重要措施，也是满足人类社会可持续发展需要的最终能源选择。

另外，随着技术的进步和可持续发展观念的树立，过去一直被视作垃圾的工业与生活有机废弃物被重新认识，作为一种能源资源化利用的物质而得到深入的研究和开发利用，因此，废弃物的资源化利用也是新能源技术的一种形式。新能源产业的发展既是整个能源供应系统的有效补充手段，也是环境治理和生态保护的重要措施，是满足人类社会可持续发展需要的最终能源选择。

1.1.2　新能源的种类

1. 太阳能

太阳内部不断进行由"氢"变"氦"的核聚变反应，其所产生的能量约为 3.8×10^{23} kW，其中二十亿分之一到达地球大气层，这二十亿分之一的能量中，47% 到达地球表面，其功率为 800000 亿 kW，相当于每年燃烧 500 万 t 煤释放的热量。目前的太阳能主要有光热利用和光伏发电两种方式。

太阳能光热利用，是指将太阳能转化为热能，再将热能加以利用的能量转化过程，它是目前最成熟也是最广泛应用的太阳能利用技术，广泛应用于供热、供暖等方面，如太阳能热水器、箱式太阳灶等。

将太阳能转化为电能是大规模利用太阳能的基础。太阳能发电有两种方式：一种是光—热—电间接转换方式，另一种是光—电直接转换方式。前者，光—热转换过程与太阳热能利用相同，热—电转换与火力发电同理；后者，光—电直接转换是利用光电效应，将太阳辐射直接转换成电能，目前常用的是硅太阳电池（光伏发电，光生伏特效应），广泛应用于人造卫星、太阳能路灯等。长远来看，光电直接转换的方式是较为切实可行的利用太阳辐射能的办法，它为人类未来大规模利用太阳能开辟广阔前景。

太阳能的优势：①可再生能源，可以永续利用；②清洁能源，不产生废弃物，不会污染环境；③数量巨大，每年到达地球表面的太阳辐射能为目前全球能源消耗的数千倍；④分布广泛，除了地球两极外，世界各地每天都会见到阳光。

太阳能利用的同时可能或已经存在以下问题：

（1）能量密度不均。北回归线附近，在垂直于太阳光方向 $1m^2$ 面积上接收到的太阳能按全年日夜平均只有 200W。因此，在利用太阳能时，想要得到一定的转换功率，往往需要面积相当大的收集和转换设备。

（2）能量变化大。白天太阳光照射，晚上则没有太阳，即使同一个地点，也受到季节变换、天气变化的影响，因此到达某一地面的太阳辐射既是间断的，又是极不稳定的。

（3）设备成本高。能量密度低是导致太阳能设备成本高的主要原因，蓄能也是太阳能利用中的薄弱环节，光电转换效率低则是制约太阳能光伏产业发展的瓶颈。

对太阳能利用的发展展望：据世界能源组织、欧洲联合研究中心、欧洲光伏工业协会预测，到 2040 年光伏发电将占全球发电量的 20%，按此推算未来数十年，全球光伏产业的增长率将高达 25%～30%。很明显，产业政策成为引导光伏市场转移的源动力，美国、日本和欧盟市场的阶段性转移特征表明，目前全球范围内光伏市场的需求更多是外生性的政策推动，真实需求尚未启动，可以说全球光伏市场的需求增长取决于产业政策的支撑。各国光伏产业的发展历史表明一条基本的政策路径就是在产业的初期阶段，通过政府补贴、信贷优惠和强行购电政策来引导光伏产业的快速发展，完善产业链并合理疏导社会资本的流入，通过生产规模扩张、技术创新推动光伏发电成本的下降，推动真实的市场需求，以实现最终取代化石能源的目的。

2. 风能

风能是流动的空气所具有的能量。从广义太阳能的角度看，风能是由太阳能转化来的，因太阳照射而受热的情况不同，地球表面各处产生温差，从而产生气压差，进而形成空气的流动。风能资源取决于风能密度和可利用的风能年累计小时数（风能密度是单位迎风面积可获得的风的功率，与风速的 3 次方和空气密度成正比关系）。世界风能资源巨大，陆地上的风能总量可达 100 万 GW［世界能源理事会（WEC）］，即使只有 1% 的地区可以利用，并且风电场的负载系数只有 15%～40%，所生产的电力也大致相当于全世界总的发电量。相关技术的进步使其成本不断降低，风能已成为世界上发展速度最快的新能源。

风能的优势：风能属于可再生能源，不会随着其本身的转化和人类的利用而日趋减少。风能资源储量大、分布广；与天然气、石油相比，风能不受价格的影响；与煤相比，风能没有污染，是清洁能源，可以减少二氧化碳等有害排放物。据统计，每装1台单机容量为1MW的风电机组，每年可以少排2000t二氧化碳、10t二氧化硫、6t二氧化氮。

在风能利用时可能或已经存在以下问题：

（1）风力发电对环境有一定影响，如占用土地面积大，产生噪声，对周围无线电信号造成干扰，对野生动物尤其是鸟类的生存产生影响等。

（2）自身经济发展动力仍然不足，因为风力的间歇性导致风力发电的经济性不强，同时风电是一项资本密集型产业，其发电成本仍然较高，投资巨大，各国政府的补贴促进了近年来风电快速发展。

（3）风能资源分布不均。电力需求旺盛的地区多在东部沿海，而在这些大中型城市周边发展风能，风能资源往往欠丰富，故风电的储存、传输成为一个较大问题。

尽管风能利用存在种种不利因素和障碍，但仍具有各种优势条件，其中在化石燃料价格不断上涨的情况下，风能利用会继续呈上升趋势，有研究认为如果把外部成本考虑进去，风电已经足以同大多数发电技术相竞争。IEA 2008年能源技术远景项目研究表明，2030年风电将占全球电力供应的9%（约2700TW·h），到2050年达到世界电力供应的12%（约5200TW·h）。世界风能理事会预测：如果尽早采取有力措施，风电生产能够在2030年达到5200TW·h，2050年达到7200TW·h。

3. 生物质能

生物质包括植物、动物及其排泄物、垃圾及有机废水等。从广义上讲，生物质是植物通过光合作用生成的有机物，其能量最初来源于太阳能，所以生物质能是太阳能的一种，生物质是太阳能最主要的"吸收器"和"储存器"。太阳能照射到地球后，一部分转化为热能，一部分被植物吸收，转化为生物质能；由于转化为热能的太阳能能量密度很低，不容易收集，只有少量能被人类所利用，其他大部分存于大气和地球中的其他物质中；生物质能够把太阳能富集起来，储存在有机物中。基于这一独特的形成过程，生物质能既不同于常规的矿物能源，又有别于其他新能源，兼有两者的特点和优势，是人类最主要的可再生能源之一。生物质的种类很多：植物类中最常见的有木材、农作物（秸秆、稻草、麦秆、豆秆、棉花秆、谷壳等）、杂草、藻类等；非植物类中主要有动物粪便、动物尸体、废水中的有机成分、垃圾中的有机成分等，在农村，这类物质多被当作废物而废弃，不仅浪费资源而且也污染环境。现在，有了生物质能的利用技术，从而提高了资源利用率。

生物质能最重要的特点在于其既是保障能源安全的重要途径之一，又兼具减轻环境污染的特点。在这一点上，作为生物质能家族一员的能源作物更是表现得淋漓尽致，如甜高粱不仅可以通过能量转换替代化石液体燃料，保障能源安全，同时还能保障粮食安全，还能吸收二氧化碳。对甜高粱的加工过程无污染，原料得以物尽其用。

　　生物质能还是可再生能源领域唯一可以转化为液体燃料的能源。它不仅具有资源再生、技术可靠的特点，还具有对环境无害、经济可行的优势，生物质能还可以有效促进能源农业的发展，能够助推社会主义新农村建设的发展。能源作物的大面积种植可以开发利用闲置的荒漠地、盐碱地，有利于这些质地差的土壤逐渐改良，更有利于农业产业结构调整，还可以培育出致力于可再生能源利用领域的新型农民。

　　生物质能是一种可再生的清洁能源，开发和使用生物质能，已成为当今世界发达国家能源战略的重要内容。但是通过生物质直接燃烧获得的能量低效而不经济，随着工业革命的进程，化石能源的大规模使用，使生物质能逐步被以煤、石油和天然气为代表的化石能源所替代。但是，随着工业化的飞速发展，化石能源被大规模利用并产生大量的污染物，破坏了自然界的生态平衡，为了可持续发展，生物质能的开发和利用再次被人们所重视。

　　因此，人类走向以生物质能开发利用为标志的可再生能源时代，意义十分重大：能大量利用农村的土地，提高农民收入；增加能源供给，改善大气环境，使二氧化碳的排放与吸收形成良性循环，缓解二氧化碳排放的压力。当前生物质能源的主要形式有沼气、生物制氢、生物柴油和燃料乙醇。

　　4. 地热能

　　地热能是来自地球深处的可再生性热能，它起源于地球内部的熔融岩浆和放射性元素自然衰变过程释放的热量。通过地下水的深处循环和来自极深处的岩浆侵入到地壳后，把热量从地下深处带至近表层。地热能储量远超目前人类所利用能量的总和，且大部分集中分布在构造板块边缘一带，该区域也是火山和地震多发区。

　　地热能的优点：①可再生；②分布广泛；③蕴藏量丰富；④单位成本低（单位成本比开探石化燃料或开发核能低）；⑤建造地热厂时间短且容易。

　　地热能的缺点：①资金投资大；②受地域限制；③热效率低，有30%的地热能用来推动汽轮发电机；④流出的热水矿物质含量高；⑤一些有毒气体会随着热气喷入空气中，造成空气污染。

　　5. 海洋能

　　海洋能是指利用海洋资源进行发电和能源利用的一种可再生能源形式。随着世界能源需求的增长和对石油等传统能源的依赖性逐渐减少，海洋可再生能源逐渐受到关注和重视。

　　目前，海洋能主要包括潮汐能、波浪能、海流能和海洋温差能等。各个技术领域的发展现状如下：

　　(1) 潮汐能。潮汐能是利用潮汐运动中的潮汐涨落来发电的一种能源形式。目前，潮汐能发电技术已经商业化，在一些国家和地区进行应用。

　　(2) 波浪能。波浪能是利用海洋波浪运动产生的机械能来发电的一种能源形式。目前，波浪能发电技术还处于探索和研究阶段，但已经有一些试点项目在进行中。

（3）海流能。海流能是利用海洋中的潮流运动产生的能量来发电的一种能源形式。目前，海流能发电技术也处于研究和试验阶段。

（4）海洋温差能。海洋温差能是利用海水中的温差来发电的一种能源形式。目前，海洋温差能发电技术也处于研究和试验阶段。

海洋能与常规能源相比具有以下特点：

（1）海洋能在海洋总水体中的蕴藏量巨大，但能量密度低使得海水的单位体积、单位面积所拥有的能量较小。所以，必须从大量的海水中才能获得较大的能量。

海洋广泛地存在，占地球表面积71%以上，所以其总蕴藏的能量巨大。据计算全球海洋能中：温差能和盐差能最大，约为$10^{10}\,kW$；波浪能和潮汐能居中，均为$10^{9}\,kW$；海流能最小，约为$10^{8}\,kW$。另外，由于海洋不间断地接受着太阳辐射能量和月亮、太阳的作用，所以海洋能可再生，取之不尽，用之不竭。当然，巨量的海洋能资源，并不是全部可以开发利用。根据国际能源署（IEA）的数据显示，到2030年海洋源有望占全球能源供应的10%以上。根据我国海洋能源网发布的数据，到2030年我国海洋可再生能源产业规模有望达到800亿元以上。

（2）能量随时空变化，但有规律可循。各种海洋能按各自的规律发生和变化。从空间上，既因地而异，又不能搬迁，各有各自的富集海域，其中：温差能主要集中在低纬度大洋深水海域，我国主要集中在南海（远海、深海）；潮汐能主要集中在沿岸海域，我国东海沿岸最富集（沿岸、浅海）；海流能主要集中在北半球大西洋和太平洋西侧，我国主要在东海的黑潮流域（外海、深海）；波浪能近海、外海都有，但以北半球两大洋东侧中纬度和南极风暴带最富集，我国东海和南海北部较大（全海域）；海洋盐差能主要在江河入海口附近沿岸，我国主要在长江和珠江等河口（沿岸、浅海）。从时间上，海洋能中除温差能和海流能较稳定外，其他的均具有明显的日变化、月变化和年变化，故海洋能发电多存在不稳定性。不过，各种海洋能密度的时间变化一般均有规律性，可以预报，特别是潮汐和潮流的变化，目前已能做出较准确的预报。

（3）开发环境严酷，虽然不污染环境、不占用土地、可实现综合利用，但一次性投资大，单位装机造价高。

不论在沿岸近海，还是在外海深海，开发海洋能资源都存在风、浪、流等动力作用，海水腐蚀，海生物附着以及能量密度低等问题，致使转换装置设备庞大，要求材料强度高、防腐好，因此设计施工技术复杂、投资大造价高。但是，由于海洋能发电在沿岸和海上进行，所以不但不占用土地资源，不需要迁移人口，而且还具有综合利用效益。同时，由于海洋能发电不消耗一次性矿物燃料，所以既不付燃料费，又不受能源枯竭的威胁。另外，海洋能发电几乎都不伴有氧化还原反应，并且不向大气排出有害气体和热。故也不存在常规能源和核能发电所存在的环境污染问题。

6. 氢能

石油和天然气两种处于自然状态的烃类化合物能源具有不可再生性。随着化石燃料耗量的日益增加，终将要枯竭，这就迫切需要寻找一种不依赖化石燃料、储量丰富的新能源。氢能就是这种能源，且氢能的研究同时还迎合了工业化国家日趋严格的环保政策，因而各国对氢能的研究变得日益活跃起来。氢原子序数为 1，常温常压呈气态，超低温、高压下又可成为液态。

氢能的主要优点有：燃烧热值高，每千克氢燃烧后的热量，约为汽油的 3 倍、酒精的 3.9 倍、焦炭的 4.5 倍；燃烧的产物是水，是世界上最干净的能源；资源丰富，氢气可以由水制取，而水是地球上最为丰富的资源，演绎了自然物质循环利用、持续发展的经典过程。

氢能是人类能够从自然界获取的储量最丰富且高效的能源，具有无可比拟的潜在开发价值。其特点如下：

（1）氢是自然界存在的最普遍的元素，据估计它构成了宇宙质量的 75%，除空气中含有氢气外，它主要以化合物的形态储存于水中，而水是地球上最广泛的物质。

（2）除核燃料外，氢的发热值是所有化石燃料、化工燃料和生物燃料中最高的，达 142.351kJ/kg。

（3）所有元素中，氢重量最轻。在标准状态下，它的密度为 0.0899g/L；氢可以以气态、液态或固态的金属氢化物出现，能适应储运及各种应用环境的不同要求。

（4）氢燃烧性能好，与空气混合时有广泛的可燃范围，而且燃点高，燃烧速度快。

（5）氢本身无毒，与其他燃料相比氢燃烧时最清洁，除生成水和少量氮化氢外不会产生诸如一氧化碳、二氧化碳、碳氢化合物、铅化物和粉尘颗粒等对环境有害的污染物质，少量的氮化氢经过适当处理也不会污染环境，而且燃烧生成的水还可继续制氢，反复循环使用。

（6）氢能利用形式多，既可以通过燃烧产生热能，在热力驱动的发动机中产生机械功，又可以作为能源材料制作燃料电池，或转换成固态氢用作结构材料。用氢代替煤和石油，不需对现有的技术装备作重大的改造，现在的内燃机稍加改装即可使用。

（7）所有气体中，氢气的导热性最好，比大多数气体的导热系数高出 10 倍，因此在能源工业中氢是极好的传热载体。

7. 核能

当前世界上正在运行的核反应堆共有 443 座，美国最多，有 104 座，几乎占了总量的 1/4，接下来为法国、日本和俄罗斯。我国近年来在核能领域发展迅速，核反应堆数目在不断增加。

核电的优势有以下方面：

（1）清洁。核电站不会排放烟尘、二氧化碳、二氧化硫等有害气体，造成"温室效应"，与火电厂相比，它能大大改善环境质量。据统计，每千瓦电量的二氧化碳排放量在 10~25g 之间，相当于燃煤火电厂的 1%。

（2）经济。核燃料具有体积小而能量大的特点，1kg 铀释放的能量相当于2400t 标准煤释放的能量，一座 100 万 kW 的大型燃煤电厂，每年需原煤 300 万～400 万 t 煤，需要 2760 列火车，相当于每天 8 列火车，还要运走 4000 万 t 煤渣。而同功率的压水堆核电站，一年仅需要消耗含量为 3％的低浓缩铀燃料 28t，每 1lb 铀的成本约为 20 美元，换算成 1kW 发电量的成果是 0.001 美元左右。

（3）安全。从第一座核电站建成以来，世界核电站运行的堆年数已超过 1 万，除切尔诺贝利和福岛事故以外，未有事故频繁发生。研究表明，燃煤电厂产生的废弃物含有的放射性比核废料高出 100 倍，并且随着压水堆的进一步改进，核电站安全系数还会提高。

（4）可持续发展。这一观点主要针对尚在探索阶段的核聚变，聚变燃料主要是氘和锂，海水中氘的含量为 0.034g/L，地球海水中储存的氘为 40 万亿 t，而地球上锂储量有 2000 多亿 t。按目前世界能源消费的水平，地球上可供原子核聚变的氘和氚可以供人类使用上千亿年，因此，只要解决了核聚变的工业技术问题，人类就从根本上解决了能源问题。

核电可能或已经存在以下问题：

（1）核电站事故造成的核泄漏危机，其危害可能是灾难性的，甚至是毁灭性的。

（2）环境保护问题。一些环境组织通过研究发现，虽然核能产生的二氧化碳仅为化石燃料的 1/50，但随着大部分铀矿高级矿体被开采殆尽，人们不得不开发较低级的矿体，这在开采过程中极大增加了碳的排放。

（3）长寿命同位素等核废料处理问题。燃烧后的高放射性废液含大量"少数锕系核素"及"裂变产物核素"，其中有一些半衰期长达百万年以上，成为危害生物圈的潜在因素。问题在于难以发现长期存放核废料的容器（现行容器只能存放 100 年）和永久存放的安全地点。根据世界原子能机构公布的数据，目前世界各国的核电站一共堆积了约 20 万 t 没有处理的核废料。

（4）存在核扩散的风险。核能虽在和平利用上展现巨大潜力，但其技术和材料同样可能被滥用或非法获取，从而严重威胁国际安全。面对核材料非法贩运、核武器扩散等风险，国际社会亟须加强监管与协作，共同应对这一全球性挑战。

我国核电的发展展望：核电与煤电、水电一起构成世界电源的三大支柱，在世界能源结构中有着重要的地位；对核电与煤电的成本进行比较发现，发达国家的核电成本普遍低于煤电成本，其中法国的煤电成本是核电的 1.75 倍、德国为 1.64 倍、意大利为 1.57 倍、日本为 1.51 倍、韩国为 1.7 倍，美国的核电成本早在 1962 年就低于煤电成本了；世界原子能机构相关统计称，在未来 60 多座正在兴建或立项的核电站中，有 2/3 在亚洲，到 2030 年，全球核电的电力供应市场占比有望从现在的 16％提高至 27％。

目前，世界对能源需求不断增长，2030 年前出现新的可替代能源的可能难以预计，而核能是解决能源危机最为现实的手段之一。到 2030 年，全世界将有 600 座新的核电站投入使用，这要求国际社会加强在核能领域的合作。

8. 储能

储能是指通过介质或设备将能量存储起来，并在需要时释放的过程。这个过程可以涉及多种能量形式，包括电能、热能或化学能，它们可以被存储并在未来以特定的能量形式释放出来。

广义的电力储能技术是指为实现电力与热能、化学能、机械能等能量之间的单向或双向存储，所有能量的存储都可以称为储能。传统意义的电力储能可定义为实现电力存储和双向转换的技术，包括抽水蓄能、压缩空气储能、飞轮储能、超导磁储能、电池储能等，利用这些储能技术，电能以机械能、电磁能、化学能等形式存储下来，并适时反馈回电力网络。能源互联网中的电力储能不仅包含实现电能双向转换的设备，还应包含电能与其他形式能量的单向存储与转换设备。电化学储能、储热、氢储能、电动汽车等储能技术围绕电力供应，实现了电网、交通网、天然气管网、供热供冷网的"互联"。

在电力系统中，储能对于提高系统的灵活性、经济性和安全性至关重要，能够帮助平滑可再生能源的波动、跟踪调度输出、调峰调频等，从而确保可再生能源发电的大规模接入和稳定可控输出。因此，储能是智能电网、可再生能源高占比能源系统以及能源互联网的重要组成部分和关键支撑技术，有利于促进能源生产消费的开放共享和灵活交易，构建多能协同系统。

1.2　新能源利用技术

在国际范围内，新能源产业具有广阔的发展前景。美国、加拿大、日本、欧盟等都在积极开发太阳能、风能、海洋能等可再生能源，以及海底可燃冰等新的化石能源。同时，氢气、甲醇等燃料作为汽油、柴油的替代品也受到了广泛关注。多个国家制定了新能源发展目标，并通过政策鼓励新能源产业的发展。我国在新能源领域取得了长足的进展，成为全球最大的新能源市场。

近日，国家能源局召开 2024 年 1 月全国可再生能源开发建设形势分析视频会。会议指出，截至 2023 年 12 月底，全国可再生能源发电总装机达 15.16 亿 kW，占全国发电总装机的 51.9%，在全球可再生能源发电总装机中的比重接近 40%；2023 年全国可再生能源新增装机 3.05 亿 kW，占全国新增发电装机的 82.7%，占全球新增装机的一半，超过世界其他国家的总和；全国可再生能源发电量近 3 万亿 kW·h，接近全社会用电量的 1/3；全国主要可再生能源发电项目完成投资超过 7697 亿元，占全部电源工程投资约 80%；2023 年风电机组等关键零部件的产量占到全球市场的 70% 以上，光伏多晶硅、硅片、电池片和组件产量占全球比重均超过 80%。

1. 风电技术

2021 年全球可再生能源（不包括大型水电）电力装机容量达到了 280GW。总体上有较大幅度提高。其中，全球风电装机容量达到 1.58 亿 kW，同比增长 31%。截至 2023 年年底，超过 70 个国家都在使用风力发电。据国家能源局数据，我国 2023 年 1—11 月风电累计新增装机 41.39GW，累计同比增加 83.79%；累计利用小时 2029h，累计同比增加 21h。其中 11 月新增装机 4.08GW，同比增加 195.65%。同时，风电机组大型化也进一步加速。2023 年，我国陆上风电单机容量突破两位数，据《风能》统计，2023 年我国宣布下线的陆上风电机型，最大单机容量达到了 11MW，比 2022 年提升 3MW。2024 年全球正在建设中的风能项目将提供 33000MW 的发电量，其中 1/3 的风电项目在我国（图 1.1）。

图 1.1　我国风电项目

2. 太阳能技术

太阳能发展的主要方向是光伏发电、热发电和热利用。2023 年全球光伏发电新增装机规模再破纪录。国际能源署近日发布的 2023 年度报告显示，2022 年全球光伏发电新增装机容量约为 375GW，同比增长超 30%。其中，我国光伏发电新增装机容量相当于 2022 年全球太阳能光伏新增装机容量，是全球最大光伏市场和产品供应方。未来全球光伏产业仍将保持较高速增长。图 1.2 为我国某太阳能热发电项目。太阳能热发电目前发电效率在 20%～30% 之间，其装置一般都有转动部件和高温部件，需消耗水，不适合在边远和干旱地区大规模发展，而且成本较高。太阳能热利用技术已在部分国家规模化应用，截至 2021 年年底，累计运行的太阳能集热器装机容量为 522GW，对应的集热面积为 7.46 亿 m^2。中国在太阳能热利用市场规模上依旧占据主导地位。太阳能热利用的发展方向是太阳能一体化建筑，未来的重点是在提高太阳能供热可靠性的基础上进一步向供暖和制冷方向发展。

图 1.2　我国某太阳能热发电项目

3. 生物质能利用技术

生物质能的主要利用方式是发电、供热和生产液体燃料等。生物质能发电技术已经比较成熟，主要有直燃、混燃、气化、沼气、垃圾焚烧发电等技术。由于生物质能发电技术依赖于生物质资源，成本降低和效率提高的潜力不是很大。随着社会对可再生能源的日益重视，生物质能发电在全球尤其是发展中国家的发电比例也将不断提升。截至 2023 年年底，全国可再生能源发电新增装机容量 3.05 亿 kW，总装机容量达到 15.16 亿 kW，发电量近 3 万亿 kW·h。其中生物质发电全国并网装机容量约 4414 万 kW，较 2022 年增加 282 万 kW；年发电量约 1980 亿 kW·h，较2022 年增加 156kW·h；年上网电量约 1667 亿 kW·h，较 2022 年增加 136 亿 kW·h。图 1.3 所示为我国国能通辽生物天然气项目。

图 1.3　中国国能通辽生物天然气项目

4. 地热能、海洋能等技术

地热能主要用于发电和采暖。菲律宾、冰岛等国家利用地热的比例较高。我国地热能资源很丰富，据统计，全国地热能资源总储量约为 2.7 万亿 t 标准煤，其中经济可开发利用的热储量约为 320 亿 t 标准煤。目前，我国已经形成了一定的地热能产业体系，主要分布在华北、东北、青藏高原等地区。图 1.4 为羊八井热电站，是我国目前最大的地热电站。

图 1.4　羊八井热电站

海洋能存在的形式包括潮汐能、波浪能、洋流能、盐差能、温差能等，利用技术尚处于研究、试验阶段。目前海洋能利用最广泛的是潮汐能发电技术，全球最大的潮汐电站在法国的朗斯，装机容量约 240MW，我国最大的潮汐电站江厦潮汐电站从 1980 年第一台机组发电，已走过 30 年风雨历程。该电站共安装 6 台双向灯泡贯流式水电机组，总装机容量 3900kW，机组运行稳定，发电量逐年提高，年发电量保持在 720 万 kW·h，截至 2023 年 6 月底，累计发电量约 1.6 亿 kW·h。

5. 核能技术

核能的释放，通常有重核裂变和轻核裂变两种形式。可控核聚变是指人类能够利用科技手段，实现在地球上模拟太阳内部的核聚变反应，从而获取清洁、安全、可持续的能源。可控核聚变的实现，需要克服极其苛刻的条件。这些条件都需要高水平的科学理论和技术支撑，因此可控核聚变被誉为 21 世纪最大的科学挑战。我国一直致力于推动可控核聚变的研究和发展，自主设计研制的新一代人造太阳"中国环流三号"取得了重大突破。"中国环流三号"团队不断攻克技术难关，提升装置性能，创造了多项世界纪录。例如 2020 年 11 月，它实现了 101.2s 的长脉冲等离子体运行，打破了国际托卡马克装置的纪录。2021 年 1 月，它实现了 200 万 A 等离子体电流运行，刷新了我国磁约束核聚变装置的纪录。图 1.5 为我国自主设计研制的新一代人造太阳"中国环流三号"，"中国环流三号"是我国核聚变能开发进程中的重要里程碑，也是我国科技创新和自主创新能力的充分体现，为全球可控核聚变事业的进步做出了贡献。

图 1.5　我国自主设计研制的新一代人造太阳"中国环流三号"

总体来看，现代机械制造技术、信息化技术、遥感测量技术等为可再生能源技术的发展提供了支撑，使得可再生能源的产业规模、经济性以及市场化程度大大提高。国际能源署报告预测，2024 年全球可再生能源总产能将继续增长，达到 4500GW。国际可再生能源署总干事弗朗西斯科·拉·卡梅拉强调，到 2030 年，全球必须平均每年新增 1000GW 的可再生能源装机容量，并大幅增加直接使用可再生能源的终端，才能实现雄心勃勃的气候目标。图 1.6 为辽宁大连红沿河核电站。

图 1.6　辽宁大连红沿河核电站

1.3　我国新能源发展现状

改革开放以来，在能源生产总量增长的同时，我国的能源结构也逐步完善和优化，煤炭在能源消费总量中所占比重逐步下降，水能、风能和太阳能、核能、生物质能等新能源所占比重不断提高，新能源研发取得了很大成效。

1. 我国在新能源发展的多个领域世界排名第一

目前，我国风能、太阳能、生物质能、核能产业均实现了高速增长。截至 2023 年年底，中国累计发电装机容量约为 29.2 亿 kW，同比增长 13.9％，其中：太阳能发电装机容量约 6.1 亿 kW，同比增长 55.2％，新增太阳能发电装机容量同比大增 148％，约为近 4 年太阳能新增装机容量之和。风电装机容量约 4.4 亿 kW，同比增长 20.7％。同时，太阳能和风能发电合计装机规模从 2022 年年底的 7.6 亿 kW，连破 8 亿 kW、9 亿 kW、10 亿 kW 三个大关，至 2023 年年底已达到 10.5 亿 kW。发展速度之快，令人惊叹。

2. 新能源的快速发展促使能源结构不断优化

我国的能源结构，特别是电力结构在新能源快速发展的带动下继续优化，火电比重下降，新能源比重上升。自 2021 年以来，我国风电产业实现历史上最大幅度发展。据有关机构统计数据，目前，风电整机生产企业总计近 80 家，总生产规模达到 3500 万 kW。另外已有风电机组部件生产企业 40 多家。此外，海上风电场建设成功迈出第一步，开展了上海、东海等近海示范风电场建设工作。同时，核电建设步伐加快。2023 年年底，全国共有 20 个在运在建核电基地，核准在运在建机组共 91 台，装机容量 10034 万 kW。其中，在运机组 55 台、装机容量 5691 万 kW，占电力总装机容量的 1.9％；核准在建机组 36 台、装机容量 4343 万 kW。预计到 2024 年年底，中国新投产 3～4 台核电机组，新增装机容量 400 万～500 万 kW，届时全国在运核电机组将达到 58 台、装机容量 6080 万 kW 左右。

3. 新能源投资超常规快速增长

2023 年，我国能源投资保持快速增长，据监测，全国在建和年内拟开工能源重点项目完成投资额约 2.8 万亿元。分类别看，常规项目和新能源项目完成投资额同比分别增长 16% 和 152.8%。分地区看，东部、中部、西部地区完成投资额同比分别增长 28.5%、13.6%、22.5%。

2023 年，新能源完成投资额同比增长超 34%。太阳能发电完成投资额超 6700 亿元，河北、云南、新疆 3 个省（自治区）的集中式光伏完成投资额同比增速均超 100%。风电完成投资额超 3800 亿元，辽宁、甘肃、新疆 3 个省（自治区）的陆上风电投资加快释放，山东、广东两个省份的新建大型海上风电项目投资集中释放。我国已经成为世界新能源发展不可或缺的力量。2023 年，全球可再生能源新增装机容量 5.1 亿 kW，其中我国贡献超过 50%。

1.4　我国新能源发展面临的问题

尽管我国的新能源已经形成较好的发展势头，但也清醒认识到，在新能源发展上，我国仍面临着诸多困难和挑战。

1．燃煤火电绿色发展的任务依然艰巨

我国是世界上少数以煤为主要能源资源的国家之一。年发电用煤超过 13 亿 t，居世界第一。正在建设的 2 亿 kW 电厂项目中，煤炭占 50%。尽管淘汰小火电取得了巨大成绩，但单机容量 20 万 kW 及以下的纯煤火电机组仍有 8000 万 kW 左右。能耗高、污染重的火电机组依然较多。我国电力在提高效率，减少排放方面还需要付出很大的努力。

2．水电发展潜力空间大

水电是一种利用水的势能和动能转换成电能的发电方式。我国拥有丰富的水资源，因此在水电方面具有巨大的潜力和发展空间。根据国家能源局的数据，截至 2022 年年底，我国的水电总装机容量超过了 4000 万 kW，约占全球水电总装机容量的 1/3。近年来，我国水电累计装机容量有逐年增加的趋势，截至 2023 年上半年，我国水电累计装机容量为 4.18 亿 kW，较 2022 年年底新增 536 万 kW。

3．新能源发展任重道远

（1）"十四五"新能源发展呈现新特征。2022 年 6 月 1 日，国家发展改革委、国家能源局等 9 部门联合发布《"十四五"可再生能源发展规划》（发改能源〔2021〕1445 号）（以下简称《规划》）。《规划》提出，要大规模开发并高效利用可再生能源，加快培育新模式新业态。到 2025 年，可再生能源消费总量达到 10 亿 t 标准煤左右，占一次能源消费的 18% 左右；可再生能源年发电量达到 3.3 万亿 kW·h 左右，风电和太阳能发电量实现翻倍；全国可再生能源电力总量和非水电消纳责任权重分别达到 33% 和 18% 左右，利用率保持在合理水平；太阳能热利用、地热能供暖、生物质供热、生物质燃料等非电利用规模达到 6000 万 t 标准煤以上。《规划》首次采取 9 部门联合印发形式，体现出可再生能源利用要实现"既大规模开发，也高水平消纳，更保障电力稳定可靠供应"，必须依赖于能源、财政、自然资源、生态环境、住建、农业农村等主管部门之间的协同机制。

"双碳"背景下,新能源高质量跃升发展任务艰巨,对资源详查、用地用海、气象服务、生态环境、财政金融等方面提出了更高要求,亟待完善可再生能源发展相关的土地、财政、金融等支持政策,强化政策协同保障。

"十四五"时期,新能源发展将呈现新特征:一是大规模发展,在跨越式发展基础上,进一步加快提高发电装机占比;二是高比例发展,由能源电力消费增量补充转为增量主体,在能源电力消费中的占比快速提升;三是市场化发展,由补贴支撑发展转为平价低价发展,由政策驱动发展转为市场驱动发展;四是高质量发展,既大规模开发,也高水平消纳,更保障电力稳定可靠供应。

(2) 分布式光伏发展前景广阔,但仍需破解阶段性难题。"十四五"期间,"整县推进"和"大基地"将很大程度决定光伏开发规模与竞争格局,无数企业将围绕这两大关键词展开激烈竞逐。"双碳"背景下,光伏发展前景广阔。

2022 年 6 月 29 日,工业和信息化部等 6 部门联合发布的《工业能效提升行动计划》(工信部联节〔2022〕76 号)提出,支持具备条件的工业企业、工业园区建设工业绿色微电网,加快分布式光伏、分散式风电、高效热泵、余热余压利用、智慧能源管控等一体化系统开发运行,推进多能高效互补利用。鼓励通过电力市场购买绿色电力,就近大规模高比例利用可再生能源。推动智能光伏创新升级和行业特色应用,创新"光伏+"模式,推进光伏发电多元布局。为加快推进屋顶分布式光伏发展,国家能源局于 2021 年 6 月下发了《关于报送整县(市、区)屋顶分布式光伏开发试点方案的通知》。2021 年 9 月 14 日,国家能源局正式印发《关于公布整县(市、区)屋顶分布式光伏开发试点名单的通知》(国能综通新能〔2021〕84 号),全国共有 676 个整县(市、区)被列为屋顶分布式光伏开发试点。目前,已有浙江、江苏、海南、山东、河北、江西等多省正式下发了整县(市、区)屋顶分布式光伏的相关政策。

据 2022 年 11 月发布的《2022 中国分布式光伏行业发展白皮书》,在"双碳"目标引领下,2022 年我国分布式光伏市场更加强劲发展。2022 年 1—9 月,我国分布式光伏新增装机 35.3GW,与 2021 年同期相比增长 115%。从发展模式上来看,"整县推进"对 2022 年国内分布式光伏市场影响深远,促使更多的企业、资金进入分布式光伏领域。从市场主体上看,越来越多的央企、国企成立能源投资公司,利用已有资源、资金优势,大举进入全国分布式光伏市场。

1.5　新能源革命的发展态势

(1) 发达国家依然强势,新兴市场快速崛起。新能源产业作为一种高新科技产业,投资门槛较高,技术垄断性强。在新能源的国际分工格局中,部分国家逐步占据了产业优势地位,其他众多国家也在快速崛起、实现追赶。

长期以来,发达国家将新能源产业作为产业转型和经济发展的重点,在研发投入、政策扶持、市场建设等方面布局较早,具备先发优势,且掌握部分高壁垒技术,在新能源汽车等终端市场上也占据相对优势地位,美国和欧洲等国家和地区同时也是可再生能源发电市场的主要客户。从全球新能源 500 强企业来看，美国、日本和欧洲部分国家在企业规模、增长速度上依然占据优势。2022 年全球新能源 500 强企业中，德国、美国、中国、日本企业平均规模分别为 165 亿元、125 亿元、103 亿元、90 亿元。

同时，发展中国家尤其是新兴市场国家对新能源产业的重视度不断提高，在新能源领域强势崛起。开发新能源产业是新兴经济体应对气候变化，实现低碳转型的必然要求，也是提高能源保障能力，维护本国能源安全的关键举措。以中国、印度为代表的亚太新兴市场国家在新能源领域加紧布局，企业竞争力快速增强，直追发达国家，甚至在某些领域实现赶超（图 1.7）。

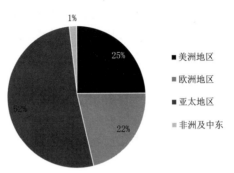

图 1.7　全球陆上风电新增装机容量
集中于亚太地区

（2）能源利用渠道拓宽和能源科技创新齐头并进，其核心目标是追求清洁（低碳）、高效和可持续的能源供应。新能源革命不仅包括各种新能源开发，也包括非常规油气开采技术的创新。随着油气勘探开发技术的进步，页岩气、深海"盐下油"、重油、页岩油等非常规油气资源正在实现大规模商业化开采。其中，页岩气大规模开采被称为"页岩气革命"，正在改变全球天然气市场格局和世界能源结构。

与化石能源相比，风能、太阳能、生物质能等可再生能源更清洁和可持续，是新能源革命的重点方向。但目前可再生能源在技术和能效上还有短板，成本居高不下，尚无法对化石能源实现大规模替代。"页岩气革命"所带来的天然气产量大幅上升，将有助于实现化石能源和可再生能源的平衡利用。一方面，与石油和煤炭相比，天然气更低碳、更清洁；另一方面，天然气和可再生能源联合发电，能有效克服可再生能源发电的调峰问题，既能实现碳减排，又能实现稳定供电。因此，天然气可视为从传统化石能源时代过渡到新能源时代的桥梁，"页岩气革命"及所有非常规油气资源开发是新能源革命的重要组成部分。

（3）新型能源系统将融入互联网、大数据、人工智能等数字技术，实现能源系统数字化。每次能源革命都伴随着新技术的发展应用，如第一次能源革命中的蒸汽机；第二次能源革命中的内燃机和发电机；第三次能源革命除了应用风力发电、光伏发电、生物质能发电等技术外，还可以结合数字化新技术、减碳负碳技术。

能源系统数字化可以降低分散、小型发电设施的电网接入成本。在新型能源系统中，每个能源生产者和消费者都是网络的节点，且能够实现双向转换。基于此架构，能源生产者和消费者可以在高效、透明、便利的环境中平等地使用能源互联网，使能源得到充分利用，减少中间成本消耗。

同时，借助互联网、大数据、云计算等数字技术完善能源供应安全建设，可以帮助提升能源网络输送、转换、调度和存储能力，加强能源系统韧性及应对极端情况的能力，提高能源系统的自适应、自调节和自优化能力。新能源的供给与消费可以在更大范围内实现耦合，可以较大程度地降低新能源发电的波动性，保障能源系统的可靠和稳定。

（4）金融创新对新能源革命起到巨大催化作用。金融是现代经济运行的血液，发达国家的实践证明，健全完善的金融服务能有效地促进经济结构的调整和经济水平的提高。因此，发达国家极其重视运用金融手段培育和推动新兴的新能源产业，针对新能源产业发展的特点，不断推出各种金融创新，包括设计多体系多层次的碳交易市场、碳基金、碳信贷以及各种金融中介服务。这些金融创新的出现，不仅能迅速为新能源技术进步和产业化发展提供巨额资金支持，同时还能加速各生产要素的流动，催化产业链的形成。

（5）全球碳中和目标逐渐明确，产业低碳化调整倒逼能源转型进程加快。目前，全球已经有近 130 个国家明确了碳中和目标的实现节点，在碳中和目标的引导下，世界各国将积极调整产业和能源结构，抢占在产业价值链高端、低碳技术等方面的核心竞争力。从目前的发展形势来看，发达国家的再工业化与发展中国家的加快工业化，使得全球正处于工业结构调整的关键期。

对于发达国家而言，大多处于已经实现碳达峰和即将实现碳达峰的阶段，开启探索碳中和路径的新征程，工业结构正在朝着数字化、信息化、智能化的高级化方向发展。但从一次能源消费结构来看，化石能源仍然是主导能源，而向可再生能源主导的能源系统转型，要从技术和制度上建立一个与间歇性和波动性的可再生能源完全相容的电力技术体系和电力市场交易制度，这是目前还不能完全实现的。发达国家虽然在这些方面有一些经验，如德国利用"削峰填谷转移需求侧负荷""挖掘现有化石燃料电厂灵活性""利用邻国电网间接储能"等方式，来应对风电、光伏发电波动性和间歇性对电网冲击的问题，但并不能快速实现化石能源向可再生能源的能源体系转型。

而对于发展中国家来说，正处于加快工业化发展的进程中，在迈向碳达峰的阶段中需要统筹经济发展与碳减排的关系，促进能源转型具有更大的挑战性。"十四五"时期，世界各国将重点进行产业低碳化调整，促进形成绿色低碳可持续的循环经济体系，进而助推能源低碳化转型的进程。

（6）各国新能源技术优势尚未确立，产业标准待制订，财税政策处于摸索试行阶段。当前，新能源技术和产业尚处于初级阶段，各国技术优势尚未确立，技术和产业标准有待制订，相关的财政税收政策处于摸索试行阶段。主要国家将围绕新能源技术和产业标准展开激烈竞争。在生物质液体燃料、新能源汽车等产业，以知识产权为代表的"跑马圈地"运动已经开始，发达国家在竞先抢占技术专利及根据本国技术优势制订行业标准。专利、标准、规则等都有先入为主和"路径依赖"的特征，一旦被他人抢先，大多数情况下后来者只能亦步亦趋地跟随，如果另辟蹊径，则要付出巨大的代价。因此，专利和标准的竞争，实质上是对未来市场的竞争，是对未来经济主导权的竞争。

（7）"双碳"目标与绿色能源转型。"双碳"目标是我国 2021 年提出的重大战略部署，"双碳"目标的达成将对世界、我国发展产生深远影响。2022年年初我国的《2022政府工作报告》中提出，要有序推进碳达峰碳中和工作，落实碳达峰行动方案。此后陆续出台《"十四五"现代能源体系规划》（发改能源〔2022〕210号）、《"十四五"可再生能源发展规划》（发改能源〔2021〕1445号）、《"十四五"新型储能发展实施方案》（发改能源〔2022〕209号）、《工业领域碳达峰实施方案》（工信部联节〔2022〕88号）等一系列规划性和实施性指导文件，对绿色能源转型、碳达峰工作规划了明确的目标和重点任务。

因此，我国能源转型发展正处于大有可为的战略机遇期，国际形势、市场需求、政策支持、技术科研等多方面发展条件已经成熟。从当前能源发展形势来看，全球能源体系正在发生深刻变革，低碳转型推动全球能源格局重塑。为实现能源安全和绿色发展的统一，改革创新将逐步成为能源转型的根本动力。

1.6　新能源认知实习指导

1.6.1　实习目的

1. 熟悉新能源的定义及分类。
2. 了解中国新能源的现状及发展规划。

1.6.2　实习内容

1. 新能源的定义及分类。
2. 中国新能源的现状及发展规划。

1.6.3　实习步骤

1. 教师讲授，学生认知。
2. 分组讨论，提高认识。

1.6.4　实习结果

1. 通过实习对新能源行业发展有更深层次的认识。
2. 提高了学习动力，对未来的就业和工作前景充满信心。

1.6.5　撰写实习报告

太阳能热
利用技术

第2章 太阳能热利用技术

2.1 太阳能概述

太阳能一般是指来自太阳的能量，它通过太阳内部的核聚变反应释放出来，并以光和热的形式辐射到地球。地球上的生物依赖太阳提供的光和热生存，人类自古便开始利用阳光物品晒干，并以此作为保存食物的一种方法，如制盐和晒咸鱼等。

太阳能是现阶段最理想的可再生能源，具有取之不尽、辐射总功率大、清洁无污染等突出优势。在能源紧缺问题日益凸显的背景下，开发和利用太阳能是推动人类社会可持续发展的一个重要举措。我国太阳能资源蕴藏丰富，在太阳能开发利用方面具有良好的条件基础。但从实际情况来看，我国在太阳能热利用方面仍处于起步阶段。因此，为更好地解决我国能源紧缺问题，全面提升太阳能资源的利用率，进一步推动可持续化发展，在总结我国太阳能资源概况及太阳能热利用技术发展现状的基础上，对太阳能低温、高温热利用技术的应用和发展趋势进行分析探讨极具必要性和现实意义。

2.1.1 太阳能的采集

太阳辐射的能流密度低，在利用太阳能时为了获得足够的能量或提高温度，必须采用一定的技术和装置（集热器），对太阳能进行采集。集热器按是否聚光，可以划分为非聚光集热器和聚光集热器两大类，其中：非聚光集热器（平板集热器、真空管集热器）利用太阳辐射中的直射辐射和散射辐射，集热温度较低；聚光集热器将阳光汇聚在面积较小的吸热面上，可获得较高温度，但只能利用直射辐射，且需要跟踪太阳。

2.1.1.1 非聚光集热器

1. 平板集热器

平板集热器是太阳能低温热利用系统中的关键部件，它实质上是一种特殊的热交换器，可将太阳能转换为工质（液体或气体）的热能。平板集热器的特点是结构简单，工作温度一般多在370K以下，可以固定安装而不需跟踪太阳，并且直射辐射和漫射辐射都能收集，成本也比较低。

一般来说，平板集热器结构如图 2.1 所示，由以下基本部件组成：

（1）吸热体，吸收入射的太阳辐射能并转换成热能传递给工质。

（2）透明盖板，允许太阳辐射透过，但阻碍吸热体的长波热辐射透过，以减少吸热体的热损。

（3）隔热体，减少吸热体不直接接收太阳辐射部分的热损。

（4）集热器板芯流道，使工质能与吸热体直接发生热接触。

（5）焊接支架，将集热器的各个部分连接成一个整体并支撑其重量。

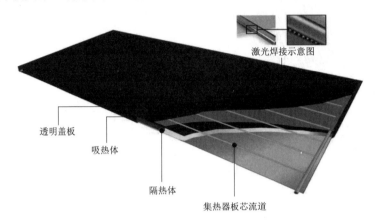

激光焊接示意图

透明盖板

吸热体

隔热体

集热器板芯流道

图 2.1　平板集热器结构

2. 真空管集热器

真空管集热器（图 2.2）是太阳能中、低温热利用系统中的主要部件。它的基本单元结构如图 2.3 所示，其中：A 是一块白色漫反射平板；B 是若干支真空集热管；C 是由聚氨酯保温的连集管；D 是连集管上的流体输入与输出端。图 2.4 为全玻璃真空集热管，它像一个拉长的暖水瓶，由两根同心圆玻璃管组成，内、外管间抽成真空，可以防止对流热损；内管的外表面通过磁控溅射沉积有吸收率高（≥0.92）、发射率低（≤0.08）的选择性吸收涂层，一方面提高吸收率，另一方面又降低辐射热损。图 2.5 为玻璃—金属真空集热管，其中，图 2.5（a）中的玻璃外管的直径较大，吸热体是具有选择性吸收表面的平板翅片及与它紧贴的 U 形铜管，将铜管与玻璃进行真空熔封，引出集热管外，作为传热流体的进、出口；图 2.5

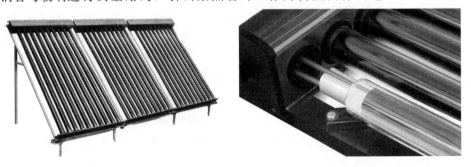

图 2.2　真空管集热器

（b）中的金属平板吸热体与嵌在其中间的热管进行热接触，通过金属间钎焊以及玻璃—金属熔封，使热管的冷凝端引出集热管外；图 2.5（c）中的吸热体为一中心金属圆管，其两端与外玻璃管分别熔封，熔封的金属与中心圆管之间焊接有弹性的波纹管。这种集热管可以耐受 500～800K 的高温，用于太阳能热发电。

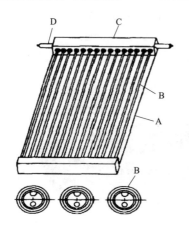

图 2.3　真空管集热器
基本单元结构

图 2.4　全玻璃真空集热管
1—外玻管；2—真空；3—内玻管；4—选择性
吸收涂层；5—带吸气剂的卡子

2.1.1.2　聚光集热器

聚光集热器是利用反射器、透镜或其他光学器件将进入集热器采光口的太阳光线改变方向并聚集到接收器上的装置，可通过单轴或双轴跟踪获得更高的能流密度。这种聚光集热器通过凹面反射镜或透镜将太阳辐射汇集到较小的面积上，从而使单位面积上的热流量增加并且减小了接收器和环境之间的换热面积，提高了工质的温度和集热器的热效率，但它的缺点是只能接收直射辐射，且需要跟踪系统配合，从而导致成本增加。

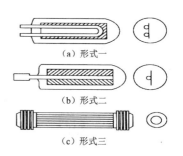

（a）形式一

（b）形式二

（c）形式三

图 2.5　玻璃—金属真空集热管

聚光集热器主要用于太阳能热发电、太阳能制氢、太阳炉和双效 LiBr - H_2O 吸收式制冷系统等，属于中高温集热器的范畴。

聚光集热器主要有：槽式集热器、塔式集热器和碟式集热器三种应用形式。

1. 槽式集热器

槽式集热器（图 2.6）借助槽形抛物面反射镜将太阳光聚焦反射在一条线上，在这条焦线上布置安装集热管，来吸收太阳聚焦反射后的太阳辐射能。其是通过管内热载体将管内流体加热直接利用，或将管内流体加热成蒸汽，借助于蒸汽动力循环发电的清洁能源利用装置。槽式系统的聚光比在 10～100 之间，温度最高可达 400℃，槽形抛物面太阳能电站的功率为 10～100MW，是所有太阳能热电站中功率最大的。

2. 塔式集热器

塔式集热器（图 2.7）是在空旷的地面上建立一个高大的中央吸收塔，塔顶部安装固定一个吸收器，塔周围布置有定口镜群，定口镜群将太阳光反射到塔顶接收器的腔体内产生高温，再将通过吸收器的工质加热并产生高温蒸汽。塔式集热器的聚光比可以达到 $300 \sim 1500$，运行温度可达 $1500℃$，总效率在 15% 以上。塔式太阳能电站属于高温热发电。塔式发电的利用规模可达 $10 \sim 20MW$，处于示范工程建设阶段。

图 2.6　槽式集热器　　　　图 2.7　塔式集热器

3. 碟式集热器

碟式集热器（图 2.8）是世界上最早出现的用于发电的太阳能动力系统。碟式集热器借助于双轴跟踪抛物型碟式镜面将太阳辐射聚焦反射到位于其焦点位置的吸热器上，吸热器吸收这部分辐射能并将其转换成热能直接利用，或推动位于吸热器上的热电转换装置，比如斯特林发动机或者朗肯循环热机，进而完成发电过程将热能转换为电能。

单个碟式系统发电装置的容量范围为 $5 \sim 5kW$，用氦气或氢气做工质，工作温度达 $800℃$，效率达 29.4%，在三种聚光集热器中最高。碟式系统既可以分布式系统单相供电，也可以并网发电，使用灵活。

图 2.8　碟式集热器

2.1.2　太阳能的转换

太阳能是一种辐射能，具有即时性，必须即时转换成其他形式能量才能储存和利用。将太阳能转换成不同形式的能量需要不同的能量转换器，集热器通过吸收面可以将太阳能转换成热能，利用光伏电池可以将太阳能转换成电能，通过植物的光合作用可以将太阳能转换成生物质能等。原则上，太阳能可以直接或间接转换成任何形式的能量，但转换次数越多，太阳能最终的转换效率就越低。

2.1.2.1 太阳能与热能转换

太阳能吸收面有黑色吸收面和选择性吸收面两种。黑色吸收面吸收太阳辐射，可以将太阳能转换成热能，其吸收性能好，但辐射热损失大，所以黑色吸收面不是理想的太阳能吸收面。选择性吸收面具有高的太阳吸收比和低的发射比，吸收太阳辐射的性能好且辐射热损失小，是比较理想的太阳能吸收面。这种吸收面由选择性吸收材料制成，简称为选择性涂层。

2.1.2.2 太阳能与电能转换

电能是一种高品位能量，利用、传输和分配都比较方便。将太阳能转换为电能是大规模利用太阳能的重要技术基础，世界各国都十分重视，其转换途径很多，有光电直接转换、有光热电间接转换等。

2.1.2.3 太阳能与氢能转换

氢能是一种高品位能源。太阳能可以通过分解水或其他途径转换成氢能，即太阳能制氢。

1. 太阳能电解水制氢

电解水制氢是目前应用较广且比较成熟的方法，效率较高（75%～85%），但耗电很大，所以，只有当太阳能发电成本大幅度下降后，才能实现大规模电解水制氢。

针对太阳能自身特征，开发太阳能光伏电解水制氢系统，既可实现太阳能至电能的转换，作为电力供应直接使用，又可将电能转换为氢能并存储利用，综合提升了太阳能的利用率。

太阳能光伏电解水制氢系统（图2.9）包括太阳电池和电解水制氢两个能量转换单元。通过太阳电池将光能转换为电能，电能参与电解水制氢，实现电能至氢能的转换。太阳能到氢能的间接转换过程中会有少量能量损失，系统总效率的高低依赖于太阳电池的光电转化效率及电解水装置的效率。

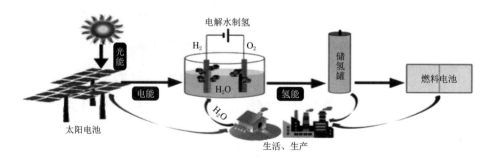

图 2.9 太阳能光伏电解水制氢系统图

2. 太阳能热分解水制氢

将水或水蒸气加热到 3000K 以上，水中的氢和氧便能分解。这种方法制氢效率高，但需要高倍聚光器才能获得如此高的温度，因此一般不采用。

3. 太阳能热化学循环制氢

为了降低太阳能直接热分解水制氢要求的高温，发展了一种热化学循环制氢方法，即在水中加入一种或几种中间物，然后加热到一定温度，经历不同的反应阶段，最终将水分解成氢和氧，而中间物不消耗，可循环使用。热化学循环分解的温度大致为 900～1200K，这是普通旋转抛物面镜聚光器比较容易达到的温度，其分解水的效率在 17.5%～75.5%。存在的主要问题是中间物的还原，即使按 99.9%～99.99% 还原，也还要作 0.01%～0.1% 的补充，这将影响氢的价格，并造成环境污染。太阳能热化学循环制氢过程示意图如图 2.10 所示。

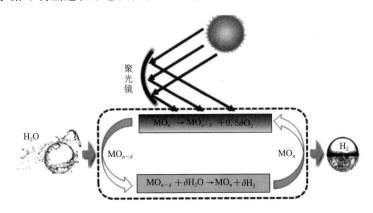

图 2.10　太阳能热化学循环制氢过程示意图

太阳能热化学循环制氢被认为是能源可持续利用最具潜力的途径之一，对推进"双碳"目标的实现、缓解能源与环境危机具有重大的战略意义。直接热解水虽能实现近零碳排放制氢，然而超高的反应温度以及氢、氧化产物分离难等问题使之难以应用于规模化产氢。太阳能热化学循环制氢将间歇、波动、能流密度低的太阳能转化并储存为氢气化学能，实现了太阳能的高密度储存与远距离输送。太阳能热化学循环制氢因具有理论效率高、无温室气体及有害物质排放等优势，受到了广泛的关注与研究。然而，太阳能热化学循环制氢所面临的反应温度高、太阳能燃料转化效率低、技术经济性差等诸多瓶颈问题，制约了其进一步的发展。

4. 太阳能光化学分解水制氢

太阳能光化学分解水制氢与热化学循环制氢有相似之处，在水中添加某种光敏物质作催化剂，增加对阳光中长波光能的吸收，利用光化学反应制氢。日本有学者利用碘对光的敏感性，设计了一套包括光化学、热电反应的综合制氢流程，每小时可产氢 97L，效率达 10% 左右。

5. 太阳能光电化学电池分解水制氢

利用 N 型二氧化钛半导体电极作阳极，以钳黑作阴极，制成太阳能光电化学电池，在太阳光照射下，阴极产生氢气，阳极产生氧气，两电极用导线连接便有电流通过，即光电化学电池在太阳光的照射下同时实现了分解水制氢、制氧和获得电能。但是，光电化学电池制氢效率很低，仅 0.4%，只能吸收太阳光中的紫外光和近紫外光，且电极易受腐蚀，性能不稳定，所以很难达到实用要求。

6. 太阳能光催化分解水制氢

科学家 1972 年发现三联吡啶钌络合物的激发态具有电子转移能力，并从络合催化电荷转移反应，提出利用这一过程进行光解水制氢。这种络合物是一种催化剂，它的作用是吸收光能，产生电荷分离、转移和集结，并通过一系列偶联过程，最终使水分解出氢气和氧气。

7. 生物光合作用制氢

许多藻类在无氧环境中适应一段时间，在一定条件下都有光合放氢作用，如绿藻在无氧条件下，经太阳光照射可以放出氢气。由于对光合作用和藻类放氢机理了解还不够，藻类放氢的效率很低，要实现工程化产氢还有相当大的距离。据估计，如藻类光合作用产氢效率提高到 10%，则每天每平方米藻类可产 9g 氢分子。

2.1.2.4　太阳能与生物质能转换

通过植物的光合作用，太阳能把二氧化碳和水合成有机物（生物质能）并释放出氧气。光合作用是地球上最大规模转换太阳能的过程，现代人类所用燃料都是远古和当今光合作用太阳能的结果。目前，光合作用机理尚不完全清楚，能量转换效率一般只有百分之几，今后对其机理的研究具有重大的理论意义和实际意义。

2.1.2.5　太阳能与机械能转换

物理学家实验证明光具有压力，提出利用宇宙空间中巨大的太阳帆，可推动宇宙飞船在阳光的压力作用下前进，将太阳能直接转换成机械能。通常，太阳能转换为机械能需要通过中间过程进行间接转换。

2.1.3　太阳能的储存

地面上接收到的太阳能，受气候、昼夜、季节的影响，具有间断性和不稳定性。因此，太阳能储存十分必要，尤其对于大规模利用太阳能更为必要。太阳能无法直接储存，必须转换成其他形式能量才能储存。大容量、长时间、经济地储存太阳能，在技术实现上比较困难。

2.1.3.1　热能储存

1. 显热储存

利用材料的显热储存是最简单的储能方法。在实际应用中，水、沙、石子、土壤等都可作为储能材料，其中水的比热容最大，应用较多。

2. 潜热储存

潜热储存是利用材料在相变时放出和吸入的潜热储能，其储能量大，且在温度不变情况下放热。太阳能潜热储存可分为低温储、中温储存、高温储存及极高温储存。低温储存常用含结晶水的盐类，如 $Na_2SO_4 \cdot 10H_2O$、$CaCl_2 \cdot 10H_2O$、$Na_2HPO_4 \cdot 12H_2O$ 等。但在使用中要解决过冷和分层问题，以保证工作温度和使用寿命。中温储存温度一般在 100℃ 以上、500℃ 以下，通常在 300℃ 左右。适宜于中温储存的材料有高压热水、有机流体、多晶盐等。高温储存温度一般在 500℃ 以上，目前正在试验的材料有金属钠、熔融盐等。1000℃ 以上极高温储存，可以采用氧化铝和氧化铝耐火球。

3. 化学储热

化学储热的优点是储热量大、占用体积小、材料质量轻，化学反应产物可分离储存，需要时才发生放热反应，储存时间长。能用于储热的化学反应必须满足以下条件：反应可逆性好、无副反应、反应迅速；反应生成物易分离且能稳定储存；反应物和生成物无毒、无腐蚀、无可燃性；反应热大、反应物价格低等。目前已筛选出一些化学吸热反应能基本满足上述条件，如 $Ca(OH)_2$ 的热分解反应，利用上述吸热反应储存热能，用热时则通过放热反应释放热能。但是，$Ca(OH)_2$ 在大气压脱水反应的温度高于 500℃，利用太阳能在这一温度下实现脱水十分困难，加入催化剂可降低反应温度，但温度仍相当高。其他可用于储热的化学反应还有金属氢化物的热分解反应、硫酸氢循环反应等。

4. 塑晶储热

塑晶学名为新戊二醇（NPG），是一种有机化合物，可以被用作储热材料。它和液晶相似，有晶体的三维周期性，但力学性质像塑料。塑晶能在恒定温度下储热和放热，但不是依靠固—液相变储热，而是通过塑晶分子构型发生固—液相变储热。在塑晶储热系统中，新戊二醇通常被用作相变材料。当温度超过其熔点时，新戊二醇会从固态转变为液态，吸收热量并存储能量。当温度下降时，新戊二醇会重新结晶并释放出储存的热量。

塑晶储热技术在可持续能源和能源储存领域具有潜在的应用价值。例如，在太阳能热发电系统中，光热集热器可以将太阳能转换为热能，并使用新戊二醇等单晶材料进行热能的储存和调控，以便在需要时释放热能以产生电力。

5. 太阳池储热

太阳池是一种具有一定盐浓度梯度的盐水池，可用于采集和储存太阳能。由于它简单、造价低，适于大规模使用，引起了人们的重视。

2.1.3.2 电能储存

电能储存比热能储存更困难。电能储存常用的是蓄电池以及正在研究开发的超导储能。

（1）蓄电池利用化学能和电能的可逆转换实现充电和放电，价格较低，但使用寿命短、体积大、质量大，需要经常维护。目前，与光伏发电系统配套的储能装置，大部分为铅酸蓄电池。现有的蓄电池储能密度较低，难以满足大容量、长时间储存电能的要求。

（2）超导储能某些金属或合金在极低温度下成为超导体，理论上电能可以在一个超导无电阻的线圈内储存无限长的时间。这种超导储能不经过任何其他能量转换直接储存电能，效率高、启动迅速，可以安装在任何地点，尤其是城市的消费中心附近，不产生任何污染。目前超导储能在技术上尚不成熟，需要继续研究开发。

2.1.3.3 氢能储存

氢可以大量、长时间储存。它能以气相、液相、固相（氢化物）或化合物（如氨、甲醇等）形式储存。

（1）气相储存。储氢量少时，可以采用常压湿式气柜、高压容器储存；大量储存时，可以储存在地下储仓，不漏水土层覆盖的含水层、盐穴和人工洞穴内。

（2）液相储存。液氢具有较高的单位体积储氢量，但蒸发损失大。将氢气转化为液氢需要进行氢的纯化和压缩，正氢—仲氢转化，最后进行液化。液氢生产过程复杂、成本高，目前主要用作火箭发动机燃料。

（3）固相储氢。利用金属氢化物固相储氢，储氢密度高，安全性好。目前，基本能满足固相储氢要求的材料主要是稀土系合金和钛系合金。

2.1.3.4　机械能储存

在机械能储存中，最受人关注的是飞轮储能。近年来，由于高强度碳纤维和玻璃纤维的出现，用其制造的飞轮转速大大提高，提高了单位质量的动能储量；电磁悬浮、超导磁浮技术的发展，结合真空技术，极大地降低了摩擦阻力和风力损耗；电力电子技术的新进展，使飞轮电机与系统的能量交换更加灵活、高效。在太阳能光伏发电系统中，飞轮储能系统可以代替传统蓄电池进行电能储存与释放。

2.1.4　太阳能的传输

太阳能不像煤和石油一样采用交通工具进行运输，而是应用光学原理，通过光的反射和折射进行直接传输，或者将太阳能转换成其他形式的能量进行间接传输。直接传输适用于较短距离，基本上有三种方法：①通过反射镜及其他光学元件组合，改变阳光的传播方向，到达用能地点；②通过光导纤维，可以将入射在其一端的阳光传到另一端，传输时光导纤维可任意弯曲；③采用表面镀有高反射涂层的光导管，通过反射可以将阳光导入室内。间接传输适用于各种不同距离。将太阳能转换为热能，通过热管可将太阳能传输到室内；将太阳能转换为氢能或其他载能化学材料，通过车辆或管道等可输送到用能地点；空间电站将太阳能转换为电能，通过微波或激光将电能传输到地面。太阳能传输包含许多复杂的技术问题，需要进行认真研究，才能更好地利用太阳能。

2.1.5　太阳能的利用

由于市场需求大，太阳能热水器是光热利用最成功的领域。我国在太阳能热水器的基础理论研究、工艺材料研究、应用研究、技术标准、制造水平、产品质量等方面，总体处于国际先进水平，多个指标国际领先，产销量和安装面积居世界第一。太阳能热水器主要有玻璃真空管式、热管真空管式、平板式和少量闷晒式，其中玻璃真空管式占 80% 以上。2022 年中国太阳能热水器市场规模为 32.4 亿元，其中真空管式占比 91.4%，为 29.6 亿元，同比增长 3.0%；平板式占比 8.6%，为 2.8 亿元，同比增长 3.8%。截至 2023 年年底，中国太阳能热水器市场规模将达到 35.9 亿元，其中真空管式占比 91.1%，为 32.7 亿元，同比增长 10.5%；平板式占比 8.9%，为 3.2 亿元，同比增长 14.3%。据行业协会公布数据显示，2023 年我国太阳能热水器市场规模达到 350 亿元，同比增长了 10%。这一增长主要得益于技术进步带来的成本下降，以及消费者对太阳能热水器的接受度逐渐提高。随着市场规模的不断扩大，太阳能热水器的应用也越来越广泛。

除太阳能热水器外，还有太阳房、太阳灶、太阳能温室（薄膜大棚）、太阳能干燥系统、太阳能土壤消毒杀菌技术等，太阳房结构原理如图 2.11 所示。

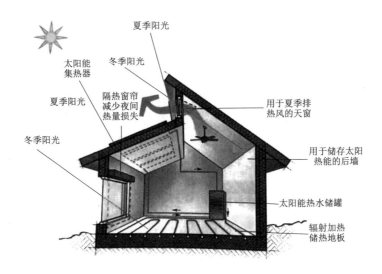

图 2.11 太阳房结构原理图

太阳能热发电是太阳能热利用的一个重要方面，这项技术利用集热器把太阳辐射的热能集中起来给水加热产生蒸汽，然后通过汽轮机带动发电机而发电。根据集热方式不同，又分高温发电和低温发电。

2.2 太阳能热利用

2.2.1 我国太阳能资源概况

据相关机构测算，每年我国陆地区域所接收到的太阳能辐射总量在 $3300\sim8400\mathrm{MJ/m^2}$ 之间，相当于 2.4000×10^{12} t 标准煤燃烧所释放的能量。而按照我国太阳能光照条件的划分标准，属于前三类太阳能光照条件的地区占我国国土面积的 2/3 以上，这些地区的年太阳能辐射量均在 $5000\mathrm{MJ/m^2}$，光照时间均在 2000h 以上。由此可见，我国太阳能资源极为丰富，合理开发和利用太阳能是解决我国能源紧缺问题的一个重要途径。

相比之下，日本、欧洲等多数地区的太阳能年辐射总量仅相当于我国三类及以下太阳能光照条件地区的太阳能总量。虽然这些地区的太阳能资源丰富度不及我国，但其太阳能热利用技术的先进性和应用普及度较高。因此加大太阳能热利用技术引入和研发力度，大力推动太阳能热利用技术的普及和发展，是当前我国能源产业发展的一项重要工作。

2.2.2 我国太阳能热利用技术的发展特点

太阳能热利用技术通过集热器收集太阳辐射能，再在特定的装置中，通过材料之间的反应和相互作用将其转换为热能并利用。根据目前新能源行业的发展现状，我国太阳能热利用技术的发展具有如下特点。

1. 高温利用技术潜力巨大

在过去，我国对太阳能热利用的研究多侧重于中低温热利用技术的开发，对高温利用技术的开发与研究不够重视，造成了目前我国中低温利用技术的使用较为普遍，高温利用技术尚不够成熟。中低温热利用技术的应用比较常见，如太阳能热水器、太阳能空调制冷、地膜、塑料大棚等，而高温利用技术的应用比较罕见，如聚焦型太阳能灶、太阳能高温炉、太阳能焊机等。这也表明高温利用技术还有很大的发展空间，潜力巨大不可估量。

2. 发电总量大但人均发电量不高

尽管我国是全球太阳能发电量和使用量最大的国家（年太阳能发电总量超过全球的 75%），但是由于庞大的人口数量，人均发电总量仍然偏低。目前我国的太阳能收集面积仅为每千人 200m²，而一些先进国家的太阳能收集面积则为每千人 600m²。因此，我国的太阳能热利用技术有着广阔的发展空间。

3. 高科技企业数量少

国内已有大量企业致力于太阳能产品的开发与制造，但其中拥有自主知识产权的却不多，多数都是依靠技术进口或仿制，这导致我国在太阳能热利用技术方面话语权不够，企业市场竞争力不强，不利于相关产业的健康发展。

2.2.3　太阳能低温热利用技术的应用现状

我国对太阳能低温热利用技术的研究起步较早，相较于中高温热利用技术，太阳能低温热利用技术的成熟度和普及度也相对较高。

2.2.3.1　太阳能热水系统

太阳能热水系统是现阶段太阳能低温热利用技术最主要的应用形式，根据系统属性差异，可对太阳能热水系统进行如下分类：

（1）根据集热系统与热水供应系统的不同关系，可分为直接式和间接式两种类型。

（2）根据辅助热源的配备情况，可分为有辅助热源和无辅助热源两种类型。

（3）根据辅助热源的启动方式，可分为手动启动、定时自动启动和全时自动启动 3 种类型。

（4）根据热水供应形式，可分为集中供水、集中分散供水和分散供水 3 种类型。

（5）根据水箱与集热器的结构型式，可分为紧凑式、分离式和闷晒式 3 种类型。

（6）根据系统运行方式，可分为直流式、自然循环式、强制循环式 3 种类型。

我国家用太阳能热水器多采用无辅助热源的紧凑式、直接式、自然循环式系统。随着技术的发展和生活水平的提高，为了更好地满足日常的热水使用需求，现阶段家用太阳能热水器主要采用有辅助热源的间接式、分离式、强制循环水系统，并在此基础上开发出幕墙式、阳台壁挂式等多种新型的技术应用形式。自 2009 年"太阳能热水器下乡"优惠政策出台后，该太阳能低温热利用技术得到快速普及和推广。据相关部门统计，2023 年我国太阳能热水器年产值达 3800 亿元。这不仅有效解决了农村地区的热水使用问题，还显著提升了中国太阳能资源的利用率。

虽然太阳能热水系统已有了良好的应用形势，但是它的发展仍有许多问题，如受技术水平的限制，很多太阳能热水系统生产厂家存在产品光热收集和转换效率较低、生产成本较高、性能及安全性参差不齐等。因此，进一步降低太阳能低温热利用技术的应用成本，提高低温热利用技术的太阳能转化效率，是未来我国太阳能低温热利用技术研究和发展的首要目标。

2.2.3.2　太阳能供暖系统

太阳能供暖系统是现阶段我国太阳能低温热利用技术的另一个重要应用形式。该系统能够将太阳辐射转化为热能并通过相应的设备设施对建筑环境进行加热，以此达到供暖效果。按照末端供暖系统的类型，太阳能供暖系统可分为低温热水地板辐射系统、水—空气处理设备系统、散热器供暖系统和热风采暖供暖系统等多种类型。

（1）按照蓄热能力分类，太阳能供暖系统可分为季节蓄热供暖和短期蓄热供暖两种类型。

（2）按供暖形式分类，太阳能供暖系统可分为被动式和主动式两种类型，其中：前者主要是通过建筑物朝向、外部形态、内部空间、周围环境的科学设计和建筑材料、结构构造的合理选用，使建筑物在低温季节能够更加充分地收集、转化和分配太阳辐射热，以此达到保温、采暖的目的；后者则是通过太阳能集热系统、蓄热系统、换热系统、自动控制系统、末端供热系统及其他能源辅助加热系统的整合运用，构建一个能够将太阳辐射转化和储存，并根据用户需求主动进行供暖的太阳能低温热利用系统，以此保证室内供暖需求。太阳能供暖系统运行原理如图 2.12 所示。

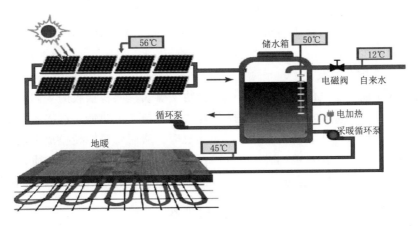

图 2.12　太阳能供暖系统运行原理图

相较于传统的燃煤供暖方式，太阳能供暖系统的普及应用既能够显著减少不可再生资源的消耗和环境污染物的排放，又能够在满足供暖需求的同时有效降低供暖成本，因此具有突出的经济性和生态性优势，是"双碳"目标下国家尤为重视的太阳能低温热利用技术应用形式。基于对时代发展趋势、新能源产业发展前景及百姓供暖需求的分析，未来，提高系统设备的智能化水平，提高太阳辐射的热转化率和蓄热水平，加强系统与热电联产机组的联合运行，深化系统与智慧建筑的融合，将是此类太阳能低温热利用技术发展的主要趋势。

2.2.3.3　太阳能热发电技术

太阳能发电有两种方式：一种是利用半导体光伏效应制成的太阳电池来发电的方式；另一种是太阳能热发电。太阳能热发电作为一种太阳能高温热利用技术，美国、西班牙、以色列、意大利、澳大利亚、日本、俄罗斯等国家都投入了大量资金和人力进行研究，取得了大量科研成果，先后建立了几十座太阳能热发电系统。太阳能热发电大致有槽式系统、碟式系统和塔式系统三类。研究成果表明，塔式太阳能热发电是最可能引起能源革命、实现大功率发电、替代常规能源的经济手段之一，将对日益紧张的能源问题带来革命性的解决方案，目前已经处于商业化应用前期和工业化应用初期。

1. 塔式太阳能热发电

塔式太阳能热发电系统（SPT）是将集热器置于接收塔的顶部，许多面定日镜根据集热器类型排列在接收塔的四周或一侧，这些定日镜自动跟踪太阳，使反射光能够精确地投射到集热器的窗口内。投射到集热器的阳光被吸收转变成热能后，便加热盘管内流动的介质产生蒸汽，蒸汽温度一般会达到 650℃，其中一部分用来带动汽轮机组发电；另一部分热量则被储存在蓄热器里，以备没有阳光时发电用。

2. 槽式太阳能热发电

槽式太阳能热发电系统是一种中温热力发电系统。其结构紧凑，太阳能热辐射收集装置占地面积比塔式和碟式系统要小 30%～50%。槽形抛物面集热装置的制造所需的构件形式不多，容易实现标准化，适合批量生产。用于聚焦太阳光的抛物面聚光器加工简单，制造成本较低，抛物面场每平方米阳光通径面积仅需 11～18kg 玻璃，耗材最少。

3. 碟式太阳能热发电

碟式太阳能热发电借助于双轴跟踪，抛物型碟式镜面将接收的太阳能集中在其焦点的接收器上，接收器吸收这部分辐射能并将其转换成热能，在接收器上安装热电转换装置，如斯特林发动机或朗肯循环热机等，从而将热能转换成电能。单个碟式斯特林发电装置的容量范围在 5～50kW 之间，用氦气或氢气作工质，工作温度达 800℃，碟式系统可以是单独的装置，也可以由碟群构成以输出大容量电力。

2.2.4　太阳能中高温热利用技术应用现状

我国对于太阳能中高温热利用技术的研究起步较晚，技术研发能力和技术成熟度仍需提高。从技术的角度来看，太阳能中高温热利用技术水平主要通过太阳能高温集热技术体现，成熟的高温集热技术能够提高太阳能的集热温度，提升热能的转化效率和品质。因此，太阳能高温集热技术研究是未来我国太阳能中高温热利用技术研究发展的关键性工作。

从当前此项技术的研发情况来看，太阳能中高温热利用技术的难点主要集中在集热器表面吸热涂层的性能提升和集热金属管与中空玻璃间的密封连接两个方面。

1. 集热器表面吸热涂层的性能提升

要想使高温集热器具有较高的集热效率，就要研发出具有出色光谱选择性的耐高温吸热涂层材料，并保证该材料对于不同波长光波的吸收率在 $0.3 \sim 2.5 \mu m$ 范围内，发射率在 $2.5 \sim 30.0 \mu m$ 之间，同时在高温条件下（$400 \sim 600℃$）依旧具有出色的热稳定性，不会出现单晶氧化、相分离扩散等问题。

高温真空集热管的工作温度最高可达 $400℃$，传统的太阳能选择吸收涂层无法有效地发挥作用。高温太阳能选择性吸收涂层很好地解决了这一问题，其本身是一种多层吸收薄膜结构，包括金属陶瓷吸收层、金属红外反射层和介质减反等，这种涂料适用于 $500℃$ 的高温，在可见和近红外波段对太阳辐射的吸收率可高达 90% 以上，同时其本身的红外辐射速率比较低（小于 5%），可以将低能量密度的太阳能转化为高能密度的热能。因此，研制高效能的太阳能选择吸收涂料，是实现太阳能热转换的重要途径，也是提升光热转换效率的关键。

平板式太阳能热水器吸热板的涂层材料对吸收太阳辐射能量起非常重要的作用。因为太阳辐射的波长主要集中在 $0.3 \sim 2.5 \mu m$ 的范围内，而吸热板的热辐射则主要集中在 $2 \sim 20 \mu m$ 的波长范围内，要增强吸热板对太阳辐射的吸收能力，又要减小热损失，降低吸热板的热辐射，就需要采用选择性涂层。选择性涂层是对太阳短波辐射具有较高吸收率，而对长波热辐射发射率却较低的一种涂料，目前国内外的生产厂大多采用磁控溅射的方法制作选择性涂层，可达到吸收率 $0.93 \sim 0.95$，发射率 $0.12 \sim 0.04$，大大提高了产品热性能。

2. 集热金属管与中空玻璃间的密封连接

由于真空状态下玻璃管与金属管的膨胀系数存在较大差异，所以两者连接时密封难度较大。同时，为保证高温集热器的性能，在进行密封连接时，既要保证高温状态下波形膨胀节的刚度和强度与玻璃管相匹配，又要保证连接处的机械性能符合循环工质的工况参数要求。

高温真空集热管的密封方式可分为金属封接环密封和衬玻璃管密封两种。

金属封接环密封采用配合式封接技术，以硼硅玻璃为原材料制成的罩玻璃管，可伐合金制成的金属封接管。硼硅 5.0 玻璃拥有硼硅 3.3 玻璃的全部优势，并且它的线膨胀系数可以与金属材料很好地匹配，因此可以很好地实现玻璃和金属的封接，从而解决封接难度高的问题。

被玻璃管密封属于不匹配的熔封技术，使用硼硅 3.3 玻璃材料作为罩玻璃管，具有耐酸碱、耐水腐蚀、耐机械冲击等优点，使用不锈钢金属封接环进行密封。通过精密加工、表面处理等手段，可以对金属封接环的结构参数、使用状况等进行合理调整，对常规的熔封过程加以改善，从而达到将硼硅酸盐玻璃直接与金属封接环进行熔封的目的。密封部件的稳定性很好，即使在 $450℃$ 持续高温和 $200℃$ 急变高温下也能保持稳定，不会出现泄漏现象。

2.3 太 阳 能 集 热

2.3.1 太阳能集热原理

太阳能热水器把太阳能转化为热能，对水进行加热，以满足人们在生活、生产中的热水使用需求。太阳能集热器是太阳能热利用系统的核心部件，其吸收太阳辐射，产生大量热能，从而提供源源不断的动力。不同的热水系统采用的太阳能集热器不同。集热器外形有天平板的和真空管的，它们都有专门的吸热装置，吸收太阳能辐射先转化成热能，再将热能传递给水（水只是传热工质的一种，其他还有蒸馏水和气体等）从而使水温度不断升高，得到想用的热水。集热器根据温度的不同，分为低温、中温、高温，太阳能集热器属于低温型的。当然不同的标准对应不同的分类，比如，还有跟踪集热器和非跟踪集热器，它是根据集热器是否全天围绕太阳运动分类的。在生活中最常见的太阳能集热器，就是平板太阳能集热器和真空管太阳能集热器两种。总之，太阳能集热器就是吸收太阳能辐射能并向工质传递热量的装置。

1. 吸热过程

真空管式热水器中，太阳辐射透过真空管的外管，被集热镀膜吸收后沿内管壁传递到管内的水中。管内的水吸热后温度升高，比重减小而上升，形成一个向上的动力，构成一个热虹吸系统。随着热水的不断上移并储存在储水箱上部，同时温度较低的水沿管的另一侧不断补充，如此循环往复，最终整箱水都升高至一定的温度。平板式热水器中，介质在集热板内因热虹吸自然循环，将太阳辐射在集热板的热量及时传送到水箱内，水箱内通过热交换（夹套或盘管）将热量传送给冷水。介质也可通过泵循环实现热量传递。

2. 循环方式

家用太阳能热水器通常按自然循环方式工作，没有外在的动力。真空管式太阳能热水器为直插式结构，热水通过重力作用提供动力。平板式太阳能热水器通过自来水的压力（称为顶水）提供动力。太阳能集中供热系统均采用泵循环。由于太阳能热水器集热面积不大，考虑到热能损失，一般不采用管道循环。

3. 顶水式使用过程

平板式太阳能热水器为顶水方式工作，真空管太阳能热水器也可采用顶水工作的方式，水箱内采用夹套或盘管方式。顶水工作的优点是供水压力为自来水压力，比自然重力式压力大，尤其是安装高度不高时；其特点是使用过程中水温先高后低，容易掌握，使用者容易适应，但是要求自来水保持供水能力。顶水工作方式的太阳能热水器比重力式热水器成本高，价格也高。

2.3.2 太阳能热水器

太阳能热水器的核心集热元件是全玻璃真空集热管，它由两根为同心圆的高硼硅特硬玻璃管组成，内层玻璃外壁采用磁控溅射真空镀膜工艺镀膜，该涂层对太阳光可以选择性吸收，其吸收比不小于 0.92，发射比不小于 0.09（80℃），具有高吸收率和低发射率。太阳能热水器集热原理示意如图 2.13 所示。

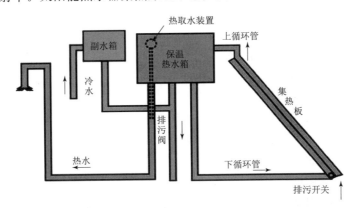

图 2.13　太阳能热水器集热原理示意图

2.3.2.1　太阳能热水器分类

1. 从集热部分来分

（1）玻璃真空管式太阳能热水器。玻璃真空管式太阳能热水器可细分为全玻璃真空管式太阳能热水器、热管真空管式太阳能热水器、U 形管真空管式太阳能热水器。常用的为全玻璃真空管式太阳能热水器，其优点是安全、节能、环保、经济。尤其是带辅助电加热功能的太阳能热水器，以太阳能为主，电能为辅的能源利用方式使太阳能热水器可以全天候正常运行，环境温度低时效率仍然比较高。它的缺点在于体积比较庞大、玻璃管易碎、管中容易集结水垢、不能承压运行。

（2）平板式太阳能热水器。平板式太阳能热水器可分为管板式太阳能热水器、翼管式太阳能热水器、蛇管式太阳能热水器、扁盒式太阳能热水器、圆管式太阳能热水器和热管式太阳能热水器。其优点是整体性好、寿命长、故障少、安全隐患低、能承压运行、安全可靠，吸热体面积大，易于与建筑相结合，耐无水空晒性强，热性能也很稳定。其缺点是：由于盖板内为非真空，保温性能差，故环境温度较低时集热性能较差，采用辅助加热时相对耗电；环境温度低或要求出水温度高时热效率较低；如冻坏需更换整个集热板，适合冬天不结冰的南方地区选用。

（3）陶瓷中空平板式太阳能热水器。陶瓷太阳能板是以普通陶瓷为基体，立体网状钒钛黑瓷为表面层的中空薄壁扁盒式太阳能集热体。陶瓷太阳能板整体为瓷质材料，不透水、不渗水、强度高、刚性好、不腐蚀、不老化、不褪色，无毒、无害、无放射性，阳光吸收率不会衰减，具有长期较高的光热转换效率。经国家太阳能热水器质量监督检验中心检测，陶瓷太阳能板的阳光吸收比为 0.95，混凝土结构陶瓷太阳能房顶的日发热量为 8.6MJ，远高于国家标准。陶瓷太阳能板制造、使用成本低，阳光吸收比不衰减，与建筑同寿命，可以与原房顶共用结构层、保温层、防水层，结构简单，保温隔热效果好于原房顶，与建筑一体化的混凝土结构陶瓷太阳能房顶、向阳墙面、阳台护栏面，为建筑提供热水、取暖，为工农业、养殖业提供热能。

2. 从结构来分类

（1）紧凑式太阳能热水器。紧凑式太阳能热水器就是将真空玻璃管直接插入水箱中，利用加热水的循环，使得水箱中的水温升高，这是市场最常规的太阳能热水器。

（2）分体式太阳能热水器。分体式太阳能热水器是将集热器与水箱分开，可大大增加太阳能热水器容量，扩大了适用范围。

3. 从水箱受压来分类

（1）非承压式太阳能热水器。普通太阳能热水器都属于非承压式热水器，它的水箱有一根管子与大气相通，利用屋顶和家里的高度落差产生压力。其安全性、成本、使用寿命等都比承压式要优秀。

（2）承压式太阳能热水器。太阳能热水器的出水是有压力的。它直接利用给水管网压力作为热水出水压力，使热水压力等同于冷水压力。这种承压式的太阳能热水器解决了普通屋顶式的太阳能依靠重力落差热水水压小的难题，不仅水压大，温度调节轻松、不会因为冷热水压力不均匀而产生温度变化，使洗浴感受更加舒适。

2.3.2.2　组成

太阳能热水器是由集热部件（真空管式为真空集热管，平板式为平板集热器）、保温水箱、支架、连接管道、控制部件等组成。太阳能热水器结构图解如图2.14所示。

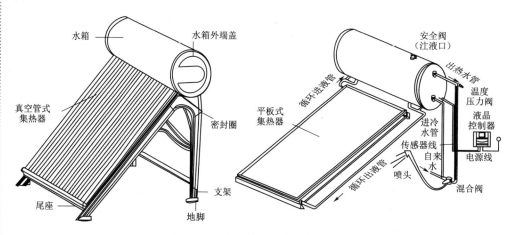

图 2.14　太阳能热水器结构图解

1. 集热部件

部件的功能相当于电热水器中的电热管。太阳能热水器与电热水器、燃气热水器的工作原理不同的，完全利用的是太阳的辐射热量，故而加热时间只能在太阳辐照度达到一定值时。

目前，中国市场上最常见的是全玻璃太阳能真空集热管，结构分为外管、内管，在内管外壁镀有选择吸收涂层。平板集热器的集热面板上镀有黑铬等吸热膜，金属管焊接在集热板上。平板集热器较真空管集热器成本稍高，近几年发展呈现上升趋势，尤其在高层住宅的阳台式太阳能热水器方面有独特优势。全玻璃太阳能集热真空管一般为高硼硅 3.3 特硬玻璃制造，选择性吸热膜采用真空溅射选择性镀膜工艺。

2. 保温水箱

保温水箱是储存热水的容器。通过集热管采集的热水必须通过保温水箱储存，防止热量损失。太阳能热水器的容量是指热水器中可以使用的水容量，不包括真空管中不能使用的容量。对承压式太阳能热水器，其容量指可发生热交换的介质容量。

太阳能热水器保温水箱由内胆、保温层、水箱外壳三部分组成。

水箱内胆是储存热水的重要部分，其材料强度和耐腐蚀性至关重要，市场上有不锈钢、搪瓷等材质。保温层保温材料的好坏直接关系着保温效果，在寒冷季节尤其重要。目前较好的保温方式是聚氨酯整体发泡工艺保温。外壳一般为彩钢板、镀铝锌板或不锈钢板。保温水箱要求保温效果好，耐腐蚀，水质清洁。

3. 支架

支架是支撑集热器与保温水箱的架子。要求结构牢固，稳定性高，抗风雪，耐老化，不生锈。材质一般为不锈钢、铝合金或钢材喷塑。

4. 连接管道

太阳能热水器是使冷水先进入蓄热水箱，然后通过集热器将热量输送到保温水箱。蓄热水箱与室内冷、热水管路相连，使整套系统形成一个闭合的环路。设计合理、连接正确的太阳能管道对太阳能系统是否能达到最佳工作状态至关重要。太阳能管道必须做保温处理，北方寒冷地区需要在管道外壁铺设伴热带，以保证用户在寒冷的冬季也能用上太阳能热水。

5. 控制部件

一般家用太阳能热水器需要自动或半自动运行，控制系统不可少。常用的控制部件应能自动上水、水满断水并显示水温和水位，带电辅助加热的太阳能热水器还有漏电保护、防干烧等功能。目前市场上有手机短信控制的智能化太阳能热水器，具有水位查询、故障报警、启动上水、关闭上水、启动电加热等功能。

2.3.2.3 热水器执行标准

平板集热器、玻璃真空管和家用太阳热水器的技术条件均有国家标准。具体如下：

（1）《太阳能集热器性能试验方法》（GB/T 4271—2021）。

（2）《平板型太阳能集热器》（GB/T 6424—2021）。

（3）《全玻璃真空太阳集热管》（GB/T 17049—2005）。

（4）《家用太阳热水器的热性能试验方法》（GB 12915—1991）。

2.3.3 太阳能集热技术

1. 太阳能集热器结合相变蓄热技术

一直以来，太阳能热利用都受到太阳光照的间接性和季节性等影响因素的制约，为了高效持续地完成太阳能采暖、烘干等工作，就必须在太阳能充足时把盈余热量储存起来，并在太阳能不充足时放出热量来弥补能量的缺失，显然相变蓄热技术能够很好地解决这一关键性问题。相变蓄热技术的核心是相变蓄热材料（phase change material，PCM），其工作原理是依靠物质本身的相变过程，吸收或放出大量相变潜热，进而起到存储和释放能量的效果。将太阳能集热器与相变蓄热材料相结合并研究其传热特性成为近年来的研究趋势。

　　现在传统的太阳能热水器是储水式的，它需要有一定容量的储水罐，由于太阳能循环管中长期存有水，北方地区冬季又比较寒冷，所以在冬季须防止将管冻裂。太阳能集热器在充装相变材料后增强了集热器的蓄热能力，延长了工作时间。

　　这种相变蓄热太阳能热水器使用的是一种新型真空集热管，它的主要作用是接收太阳辐射并加热载热工质。其内部设有专用储热单元，使真空管具有吸热、储热的双重功能，它不依赖传统太阳能热水系统的储热水箱，也不需要与外部设备进行自然对流换热或机械循环换热，可独立进行太阳能的采集与储存，这一特点能够大大简化传统的太阳能热水系统的结构，降低设备成本，提高系统的可靠性。相变蓄热 U 形管式太阳能真空集热管轴向截面如图 2.15 所示。

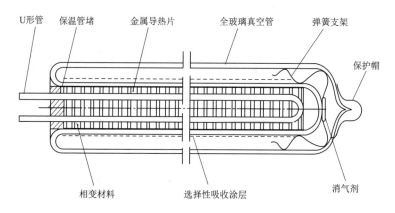

图 2.15　相变蓄热 U 形管式太阳能真空集热管轴向截面

　　有关数据显示，与常规太阳能集热器相比，蓄热型集热器的平均集热效率可提高约 35.4%，供热时间可延长约 3h。这种新型太阳能热水器应用相变潜热的吸、放为等温变化这一特点，其输出热水温度自动稳定，不需要其他的辅助温度控制装置，即使当太阳辐射较弱时，蓄热单元的温度及输出水温仍然与晴天时相同，只是由于热量较少，使得热水出水总量会少一些，这一特性对提高新一代太阳能热水系统的全天候性能和使用舒适性非常重要，因为只要输出水温不变，其输出热水就仍然有正常的使用价值。

　　由于新型太阳能热水器具有与专用蓄热体匹配的换热装置，能按用户需要立即加热并输出热水。即新型真空集热管经过充分日照后储存了很多热量，只要用户需要，立即就能通过换热装置加热并输出热水；如果暂时不需输出热水，可以让热量储存在专用蓄热体中备用。

2. 太阳能集热器结合聚光技术

太阳能在低温领域（60～80℃）已得到广泛使用，如较常见的太阳能热水器等，一般通过常规太阳能集热器即可实现。而在太阳能光热发电等高温应用领域（250～600℃），通常是利用聚光（聚焦）技术与太阳能集热器相结合，形成聚光型太阳能集热器，进而达到较高的集热温度。而聚光型太阳能集热器的基本原理是利用太阳能聚光器将太阳辐射聚焦到吸热体上，有效提高了聚光比和聚光面积。

不同类型聚光器的聚光型太阳能集热器各具优缺点（图2.16），其中槽式、碟式和塔式太阳能集热器因允许使用跟踪装置使组件成本大幅降低，近年来发展较为迅速。Bellos等系统地研究了抛物线槽式太阳能集热器热效率的不同表达式，通过建立数学模型对集热器在不同工作温度及太阳照度条件下进行检验，最终得到可用于描述槽式太阳能集热器热效率的最佳拟合方程。Zaboli等对一种带有内螺旋轴向翅片的抛物面槽式太阳能集热器进行了数值分析，结果表明：使用该新型抛物面槽式太阳能集热器，相比于简单集热器，可以改善23.1%热性能。Malali提出一种碟式/斯特林系统集热器，以性能图表的形式呈现不同的环日比、镜面光学误差、边

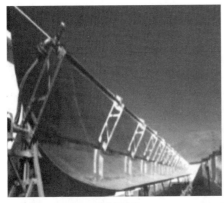
（a）槽式集热器

（b）碟式集热器

（c）塔式集热器

（d）菲涅尔式集热器

图2.16　几种常见的聚光型集热器实物

缘角、无量纲辐射通量和无量纲对流损失参数对该系统集热器最大集热效率的影响。Yan 提出了一种优化的碟式太阳能集热器系统，采用光线跟踪法对该系统建立光学模型并开发相应的光线跟踪程序，研究表明：相比于传统碟式太阳能集热器系统，优化后的碟式太阳能集热器系统具有更优良的光学性能，为两套系统在制造、安装和运行中的误差控制提供参考。

2.4　太阳能热利用技术实习指导

2.4.1　实习目的

1. 了解太阳能的基础知识。
2. 熟悉太阳能应用的一些基本概念、术语。
3. 熟悉太阳能热利用的基本原理。
4. 熟悉太阳能工程的案例形式。

2.4.2　实习内容

1. 太阳能集热原理。
2. 太阳能集热技术。

2.4.3　实习步骤

1. 教师讲授，学生认知。
2. 分组讨论，提高认识。

2.4.4　实习结果

1. 通过实习对太阳能热利用技术有更深层次的认识。
2. 提高了学习动力，对未来从事太阳能热利用技术工作前景充满信心。

2.4.5　撰写实习报告

第3章 太阳能光伏发电技术

3.1 光伏发电认知

3.1.1 光伏发电概述

3.1.1.1 光伏组件

光伏组件是一种暴露在阳光下便会产生直流电的发电装置，由以半导体物料（例如硅）制成的固体太阳电池组成（图 3.1）。简单的太阳电池可为手表以及计算机提供能源，较复杂的光伏发电系统可为房屋提供照明，为交通信号灯和监控系统供电，以及并入电网供电。光伏组件可以制成不同形状，而组件与组件之间又可连接，以产生更多电能。天台及建筑物表面均可使用光伏组件，甚至用作窗户、天窗或遮蔽装置的一部分，这些光伏设施通常称为附设于建筑物的光伏系统。

图 3.1　光伏组件

近年来，我国户用分布式光伏快速发展，经济性不断增强、商业模式不断创新、开发规模屡创新高，实现了大规模跨越式发展，在保障电力安全可靠供应、推动能源绿色转型发展、带动农民增收就业等方面发挥了重要作用。

2023 年 1—9 月，全国户用分布式光伏新增装机容量 3297.7 万 kW，约占分布式光伏新增装机容量的一半，超过全国光伏新增总装机容量的 1/4，是去年全年户用光伏新增装机规模的 1.3 倍。从区域分布看，截至 2023 年 9 月底，山东、河南、河北户用分布式光伏累计装机居全国前三位，装机容量分别为 2448 万 kW、2084 万 kW、1666 万 kW，合计 6198 万 kW，约占全国的 60%。全国户用分布式光伏累计装机容量突破 1 亿 kW，达 1.05 亿 kW，助推我国光伏发电总装机规模超 5 亿 kW，达 5.2 亿 kW。1.05 亿 kW 相当于 4 个多三峡电站的总装机容量。据统计，目前我国农村地区户用分布式光伏累计安装户数已超过 500 万户，带动有效投资超过 5000 亿元。

3.1.1.2　发电利用

未来太阳能的大规模利用是发电。利用太阳能发电的方式有多种；已实用的主要有光—热—电转换和光—电转换两种。

1. 光—热—电转换

即利用太阳辐射所产生的热能发电。一般是用太阳能集热器将所吸收的热能转换为工质的蒸汽，然后由蒸汽驱动汽轮机带动发电机发电。前一过程为光—热转换，后一过程为热—电转换。

2. 光—电转换

其基本原理是利用光生伏特效应将太阳辐射能直接转换为电能，它的基本装置是太阳电池。太阳电池特点如下：

（1）材料要求。耐紫外光线的辐射，透光率不下降。钢化玻璃做成的组件可以承受直径 25mm 的冰球以 23m/s 的速度撞击。

（2）装用的 EVA 胶膜固化后的性能要求：透光率大于 90％；交联度大于 65％～85％；剥离强度（N/cm），玻璃/胶膜大于 30，TPT/胶膜大于 15；耐温性：高温 85℃、低温−40℃；太阳电池的背面耐老化、耐腐蚀、耐紫外线辐射、不透气等。

（3）用途。光伏发电广泛用于太阳能路灯、太阳能杀虫灯、太阳能便携式系统、太阳能移动电源、太阳能应用产品、通信电源、太阳能灯具、太阳能建筑等领域。

在 2050 年前，太阳能可能将成为电力的主要来源。IEA 报告表示，2050 年前光伏发电（PV）将最多为全球贡献 16％的电力，来自太阳能热发电（STE）将提供 11％的电力。

3.1.2　光伏发电发展现状

1. 太阳能资源储量丰富

作为一个拥有广阔土地和丰富太阳能资源的国家，我国具备巨大的光伏发电潜力。根据国内测量数据，我国年均太阳辐射总量是欧洲国家的 2 倍以上。太阳能资源的丰富度主要受纬度、地形和气候等因素的影响，我国的西部地区拥有更高的太阳辐射强度和更长的日照时间，是理想的光伏电站建设地区。

与传统发电相比，光伏发电是一种新型的发电方式，不会造成环境污染。光伏发电是基于光伏发电原理，通过光电转换将太阳能转化为光能。通常，光伏发电系统主要由光伏组、组合箱、逆变器、变压器、配电设备，以及监控系统、有功和无功能量管理系统、功率预测系统、"五防"系统、无功补偿设备和其他辅助系统和设备组成。

2. 光伏发电技术得到广泛认可

我国的光伏发电技术在过去几年取得了显著进展，在多晶硅太阳电池技术上，晶体生长、切片和掺杂等工艺提高了太阳电池的光电转换效率。此外，薄膜太阳电池技术也逐渐成熟，采用非晶硅、铜铟镓硒等材料制成薄膜层，具有较低的制造成本和更好的适应性。同时，我国对钙钛矿太阳电池的研究和应用也取得了进展，该技术具有效率高、成本低和可塑性强等优势。

我国的光伏发电系统分为分布式和集中式（图3.2）。其中，分布式光伏发电系统广泛应用于城市屋顶，形成光伏建筑一体化。该系统占地面积小，安装更灵活，投资成本低。集中式光伏发电系统是一种大型光伏并网电站，通常在戈壁地区使用较多，可以高效发电，但建设成本很高。我国的光伏发电技术正在不断发展，同时将重点发展太阳能利用和一些相关的新能源产业，新能源产业的发展政策也日趋完善。

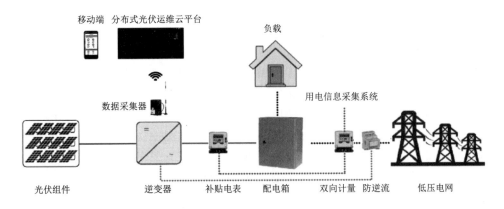

图 3.2　光伏发电系统图

3. 光伏发电技术发展迅速

（1）全球光伏装机规模不断提高。2011年以后，除美国和德国等欧美国家为代表的传统光伏市场外，以我国和印度为代表的新兴光伏市场也逐步崛起，全球光伏发电行业整体保持着快速增长的态势，2013—2021年，每年的增长率均超过20%，且复合增长率达28.30%。截至2021年年底，全球光伏发电累计装机容量约942GW，新增约175GW较上年增加22.82%。根据国际能源署（IEA）预测，到2030年全球光伏累计装机量有望达到1721GW，到2050年将进一步增加到4670GW。

（2）全球光伏发电市场分布存在差异，我国处于领先地位。因各国家及地区太阳能资源分布、光伏产业起步时间、政策支持力度、经济发展状况等方面存在较大差异，进而导致光伏市场在全球的分布存在一定差异。亚太地区、北美地区和欧洲地区为目前全球光伏发电的主要市场。

我国在全球光伏发电市场处于领先地位，截至2023年年底，我国当年新增光伏装机规模和累计光伏装机规模均位列全球第一，其中当年新增光伏装机规模216.3GW，占全球新增光伏装机总量的57.68%；累计光伏装机量达608.92GW，占全球累计光伏装机总量的39.08%。

3.1.3　光伏发电技术的发展趋势

1. 光伏发电技术材料

目前，我国太阳能发电技术主要是将太阳能产生的光能转换为成年人日常生活所需的电能，因此在这一过程中，相关工作者需要关注的最重要的事情是光电转换的效率。在能量转换过程中，如果相关企业能够使用光电转换效率高的材料工作，就可以确保在实际能量转换过程中减少能量浪费和损失。经过不断研究和讨论，有关专家认为，光伏转换效率在开发阶段应保持在 63.2%，但在实际开发阶段无法满足这一要求。现阶段，该行业使用的材料主要包括多晶硅面板、薄膜面板和单晶硅面板。这些材料的转化率通常只有 20%，国外一些好的高科技材料可以达到 45% 左右，但实际建设和开发成本也相对较高。

2. 光伏电站建设

目前，我国主要开发的地面光伏。这种地面光伏发电在应用过程中具有施工过程方便的优点，但同时，在实际施工过程中对地表要求很高。

因此，在未来的发展过程中，相关工作和研究人员应根据我国的实际发展情况考虑建设不同类型的光伏电站，如使用建筑物的屋顶，开展光伏建设，为该地区供电等。我国幅员辽阔，特别是在北部和西部的一些沙漠地区，海拔高，人口少，但太阳能资源丰富，阳光充足，年辐射高，非常适合光伏电站的建设和发展。建议国家和企业加强这些地区的光伏电站建设，以提高能源利用效率。

3.2　光　伏　发　电　技　术

3.2.1　太阳电池概述

光伏发电技术是利用半导体界面的光生伏特效应将太阳能直接转变为电能。这种技术的关键元件是太阳电池。太阳电池经过串联后进行封装保护可形成大面积的光伏组件，再配合功率控制器等部件就形成了光伏发电系统。

1. 太阳电池的工作原理

在太阳能光伏发电系统中，太阳电池占据着举足轻重的地位，它是将太阳能转换成电能的核心部件。太阳电池是利用光电转换原理使太阳的辐射光通过半导体物质转变为电能，这种光电转换过程称为光生伏特效应，因此太阳电池又称为光伏电池。用于制造太阳电池的半导体材料是一种介于导体和绝缘体之间的特殊物质，和任何物质的原子一样，半导体的原子也是由带正电的原子核和带负电的电子组成，半导体硅原子的外层有 4 个电子，按固定轨道围绕原子核转动。当受到外来能量的作用时，这些电子就会脱离轨道而成为自由电子，并在原来的位置上留下一个空穴，在纯净的硅晶体中，自由电子和空穴的数目是相等的。如果在硅晶体中掺入硼、镓等元素，由于这些元素能够俘获电子，它就成了空穴型半导体，通常用符号 P 表示；如果掺入能够释放电子的磷、砷等元素，它就成了电子型半导体，用符号

N 代表。若把这两种半导体结合，交界面便形成一个 P-N 结。太阳电池的核心技术就在这个"结"上，P-N 结就像一堵墙，阻碍着电子和空穴的移动。当太阳电池受到阳光照射时，电子接收光子的能量，向 N 型区移动，使 N 型区带负电，同时空穴向 P 型区移动，使 P 型区带正电。这样，在 P-N 结两端便产生了电动势，也就是通常所说的电压。如果分别在 P 型层和 N 型层焊上金属导线，接通负载，则外电路便有电流通过，如此形成的一个个电池元件，把它们串联、并联起来，就能产生一定的电压和电流。太阳电池结构如图 3.3 所示。

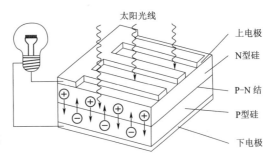

图 3.3 太阳电池结构图

2. 太阳电池的生产流程

目前，制作太阳电池的原料有单晶硅、多晶硅、非晶硅等。硅材料来源于优质石英砂，也称硅砂，主要成分是高纯的二氧化硅，制作太阳电池需要将硅砂通过提纯过程转换成多晶硅。在早期，应用四氯化硅作为硅源进行提纯，主要方法是精馏法和固体吸附法。用这种方法提纯需要很高的温度，而且在制取四氯化硅时氯气的消耗量很大。后来通过改进，形成改良西门子法，提纯过程主要有由硅砂到冶金硅、由冶金硅到三氯氢硅、由三氯氢硅可制成晶硅三步。

硅砂提纯后得到的多晶硅由于未掺杂等原因，不能直接用来制作太阳电池。将融化的硅注入石墨坩埚中，经过定向凝固后即可获得掺杂均匀，晶粒较大，呈纤维状的多晶硅锭。将硅锭在单晶硅炉中加热熔化，然后一边旋转，一边提拉，熔融的硅就在同一方向定向凝固，得到单晶硅棒。得到的单晶硅棒一般在单晶硅炉中拉制而成，要经过滚圆，再通过切片机切成厚度为 0.15~0.3mm 的硅片。

由于生产能力的不断提高和科学技术的不断进步，单晶硅因其较高的转化率、高稳定性、低衰减率等优点，成为太阳电池生产企业重点研发的项目。单晶硅太阳电池的生产工艺一般分提纯过程、拉棒过程、切片过程、制电池过程、封装过程五个流程完成。将制成的晶片通过处理后焊上电极，然后再做表面处理，通过特殊工艺处理封装，就能得到合格的太阳电池组件。

3. 太阳电池的制作技术

晶体硅太阳电池制作工艺流程如图 3.4 所示。提高太阳电池的转换效率和降低成本是太阳电池技术发展的主流。

具体的制作技术说明如下：

（1）硅片清洗。用常规的硅片清洗方法清洗，然后用酸（或碱）溶液将硅片表面切割损伤层除去 $30 \sim 50 \mu m$。

（2）绒面制备。用碱溶液对硅片进行各向异性腐蚀在硅片表面制备绒面。

（3）磷扩散。采用涂布源（液态源或固态氮化磷片状源）进行扩散，制成 P-N 结，结深一般为 $0.3 \sim 0.5 \mu m$。

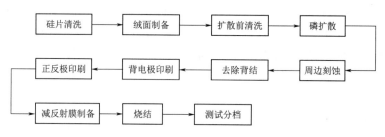

图 3.4　晶体硅太阳电池制作工艺流程图

（4）周边刻蚀。扩散时在硅片周边表面形成的扩散层会使电池上下电极短路，用掩蔽湿法腐蚀或等离子干法腐蚀去除周边扩散层。

（5）去除背结。常用湿法腐蚀或磨片法除去背面 P - N 结。

（6）背电极印刷。用真空蒸镀、化学镀镍或铝浆印刷烧结等工艺，先制作下电极，然后制作上电极。铝浆印刷是广泛采用的工艺方法。

（7）正反极印刷。通过特殊的印刷机和模板将银浆铝浆（银铝浆）印刷在太阳电池的正背面，以形成正负电极引线。

（8）减反射膜制备。为了减少反射损失，要在硅片表面上覆盖一层减反射膜。制作减反射膜的材料有 MgF_2、SiO_2、Al_2O_3、SiO、Si_3N_4、TiO_2、Ta_2O_5 等。工艺方法可用真空镀膜法、离子镀膜法、溅射法、印刷法等离子体增强气相沉积法或喷涂法等。

（9）烧结。将电池芯片烧结于镍或铜的底板上。

（10）测试分档。按规定参数规范，测试分档。

4. 太阳电池组装工艺

组件线又称为封装线，封装是太阳电池生产中的关键步骤，没有良好的封装工艺，再好的电池也生产不出好的电池组件板。电池的封装不仅可以使电池的寿命得到保证，还增强了电池的抗击强度。本节只简单介绍一下工艺的作用。

（1）电池测试。由于电池片制作条件的随机性，生产出来的电池性能不尽相同，所以为了有效地将性能一致或相近的电池组合在一起，应根据其性能参数进行分类；电池测试即通过测试电池输出参数（电流和电压）的大小对其进行分类，以提高电池的利用率，做出质量合格的电池组件。

（2）正面焊接。正面焊接是将汇流带焊接到电池正面（负极）的主栅线上，汇流带为镀锡的铜带，使用焊接机可以将焊带以多点的形式点焊在主栅线上。焊接用的热源为一个红外灯（利用红外线的热效应）。焊带的长度约为电池边长的 2 倍。多出的焊带在背面焊接时与后面的电池的背面电极相连。

（3）背面串接。背面串接是将 36 片电池串接在一起形成一个组件串，目前采用的工艺是手动的，电池的定位主要靠一个模具板，上面有 36 个放置电池片的凹槽，槽的大小和电池的大小相对应，槽的位置已经设计好，不同规格的组件使用不同的模板，操作者使用电烙铁和焊锡丝将"前面电池"的正面电极（负极）焊接到后面电池的背面电极（正极）上，这样依次将 36 片串接在一起并在组件串的正负极焊接出引线。

（4）层压敷设。背面串接好且经过检验合格后，将组件串、玻璃和切割好的EVA、玻璃纤维、背板按照一定的层次敷设好，准备层压。玻璃事先涂一层试剂以增加玻璃和EVA的粘接强度。敷设时保证电池串与玻璃等材料的相对位置，调整好电池间的距离，为层压打好基础。（敷设层次：由下向上分别为钢化玻璃、EVA、电池片、EVA、玻璃纤维、背板。）

（5）组件层压。将敷设好的电池放入层压机内，通过抽真空将组件内的空气抽出，然后加热使EVA熔化将电池、玻璃和背板粘接在一起；最后冷却取出组件。层压工艺是组件生产的关键一步，层压温度层压时间由EVA的性质决定。使用快速固化EVA时，层压循环时间约为25min，固化温度为150℃。（电池板原料有玻璃、EVA、电池片、铝合金壳、包锡铜片、不锈钢支架、蓄电池等）太阳电池组件层压如图3.5所示。

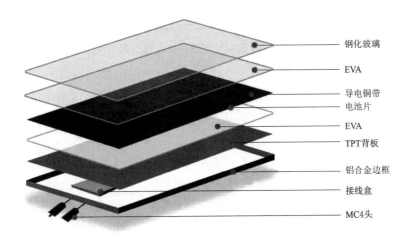

图 3.5　太阳电池组件层压

（6）修边。层压时EVA熔化后由于压力而向外延伸固化形成毛边，所以层压完毕应将其切除。

（7）装框。类似于给玻璃装一个镜框；给玻璃组件装铝框，增加组件的强度，进一步密封电池组件，延长电池的使用寿命。边框和玻璃组件的缝隙用硅酮树脂填充，各边框间用角键连接。

（8）焊接接线盒。在组件背面引线处焊接一个盒子，以利于电池与其他设备或电池间的连接。

（9）高压测试。高压测试是指在组件边框和电极引线间施加一定的电压，测试组件的耐压性和绝缘强度，以保证组件在恶劣的自然条件（雷击等）下不被损坏。

（10）组件测试。测试的目的是对电池的输出功率进行标定，测试其输出特性，确定组件的质量等级。目前主要就是模拟太阳光的测试，一般一块电池板所需的测试时间7～8s。

3.2.2　光伏发电系统

3.2.2.1　光伏发电系统的构成

光伏发电系统是利用太阳电池半导体材料的光伏效应，将太阳光辐射能直接转换为电能的一种新型发电系统。

典型的光伏发电系统框图如图 3.6 所示。

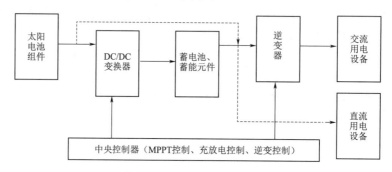

图 3.6　典型的光伏发电系统框图

1. 太阳电池组件

由太阳电池（也称光伏电池）按照系统的需要串联或并联而组成的阵列，在太阳光照射下将太阳能转换成电能，它是光伏发电的核心部件。

2. 中央控制器

充放电控制器、逆变器部分除了对蓄电池或其他中间蓄能元件进行充放电控制外，一般还要按照负载电源的需求进行逆变，使光伏阵列转换的电能经过变换后可以供一般的用电设备使用。在这个环节要完成许多比较复杂的控制，如提高太阳能转换最大效率的控制、跟踪太阳的轨迹控制以及可能与公共电网并网的变换控制与协调等。

3. 蓄电池、蓄能元件及辅助发电设备

蓄电池或其他蓄能元件如超导、超级电容器等将太阳电池阵列转换后的电能储存起来，以使无光照时也能够连续并且稳定地输出电能，满足用电负载的需求。蓄电池一般采用铅酸蓄电池，对于要求较高的系统，通常采用深放电阀控式密封铅酸蓄电池或深放电吸液式铅酸蓄电池等。

3.2.2.2　光伏发电系统的分类

光伏发电系统一般可分为独立系统、并网系统及混合系统。根据光伏发电系统的应用形式、应用规模和负载的类型，可将光伏发电系统分为 7 种，包括小型太阳能供电系统、简单直流供电系统、大型太阳能供电系统、交流和直流供电系统、并网发电系统、混合供电系统、并网混合供电系统。

1. 小型太阳能供电系统

小型太阳能供电系统如图 3.7 所示。该系统的特点是系统中只有直流负载而且负载功率比较小，整个系统结构简单，操作简便。如在我国的西北地区大面积推广使用了这种类型的光伏系统，负载为直流节能灯、家用电器等，用来解决无电地区家庭的基本照明和供电问题。

2. 简单直流供电系统

简单直流供电系统如图 3.8 所示。该系统的特点是系统中负载为直流负载，而且负载的使用时间没有特别要求，主要在日间使用，系统中没有蓄电池，也不需要控制器。整个系统结构简单，直接使用光伏阵列给负载供电，光伏发电的整体效率较高。如光伏水泵就使用了这种类型的光伏发电系统。

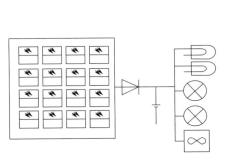

图 3.7　小型太阳能供电系统

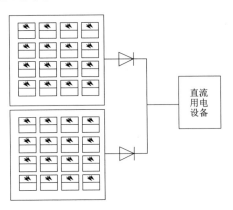

图 3.8　简单直流供电系统

3. 大型太阳能供电系统

大型太阳能供电系统如图 3.9 所示。该系统的特点是系统中用电器是直流负载，但负载功率比较大，整个系统的规模也比较大，需要配备较大的光伏阵列和较大的蓄电池组。常应用于通信、遥测、监测设备电源，农村集中供电站，航标灯塔、路灯等领域。如在我国的西部地区部分乡村光伏电站使用了这种类型的光伏发电系统，一些通信公司在偏僻无电地区的通信基站等。

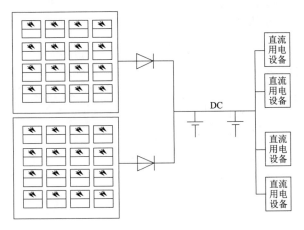

图 3.9　大型太阳能供电系统

4. 交流和直流供电系统

交流和直流供电系统如图 3.10 所示。该系统的特点是系统中同时含有直流负载和交流负载，整个系统结构比较复杂，系统的规模也比较大，同样需要配备较大的光伏阵列和较大的蓄电池组。在一些同时具有交流和直流负载的通信基站或其他含有交流和直流负载的光伏电站中使用了这种类型的光伏发电系统。

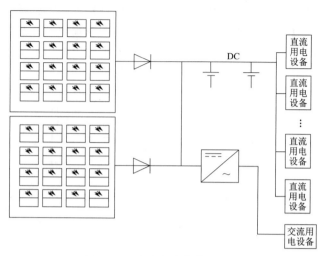

图 3.10　交流和直流供电系统

5. 并网发电系统

并网发电系统如图 3.11 所示。该系统的最大特点是光伏阵列转换产生的直流电经过三相逆变器转换成为符合公共电网要求的交流电并直接并入公共电网，供公共电网用电设备使用和远程调配。这种系统中所用的逆变器必须是专用的并网逆变器，以保证逆变器输出的电力满足公共电网的电压、频率和相位等性能指标的要求。这种系统通常能够并行使用市电和光伏阵列作为本地交流负载的电源，降低了整个系统的负载缺电率；在夜晚或阴雨天气，本地交流负载的供电可以从公共电网获得。

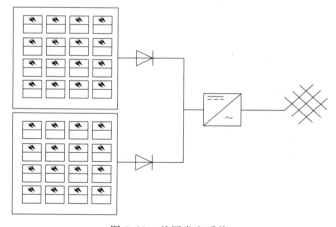

图 3.11　并网发电系统

并网光伏发电系统不需要蓄电池，而且可以对公共电网起到调峰作用，但它作为一种分布式发电系统，对传统集中供电的电网系统会产生一些不良影响，如谐波污染及孤岛效应等。

6. 混合供电系统

混合供电系统如图 3.12 所示。该系统中，除了光伏发电系统将光伏阵列所转换的电能经过变换后供用电负载使用外，还使用了燃油发电机或燃气发电机作为备用电源。这种系统综合利用各种发电技术的优点，互相弥补各自的不足，而使整个系统的可靠性得以提高，能够满足负载各种需要，并且具有较高的灵活性。然而这种系统的控制相对比较复杂，初期投入比较大，存在一定的噪声和污染。

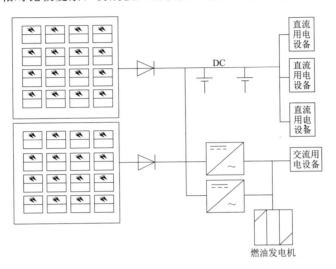

图 3.12　混合供电系统

这种系统应用于偏远无电地区的通信电源和民航导航设备电源。在我国新疆、云南建设的许多乡村光伏电站也采用光伏发电与柴油发电综合的方式。

7. 并网混合供电系统

并网混合供电系统如图 3.13 所示。该系统以上混合供电系统如果再增加并网逆变器，就可以实现混合发电并网供电系统。这种系统通常将控制器与逆变器集成在一起，采用微电脑进行全面协调控制，综合利用各种能源，可以进一步提高系统的负载供电保障率。

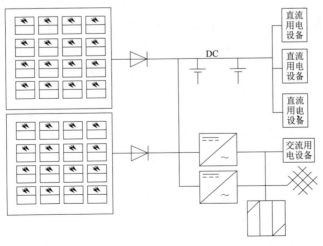

图 3.13　并网混合供电系统

3.2.2.3 离网发电与并网发电系统的特点

1. 离网发电系统

离网发电系统主要由太阳电池组件、光伏控制器、蓄电池组成，若要为交流负载供电，还需要配置交流逆变器。离网发电系统如图 3.14（a）所示。

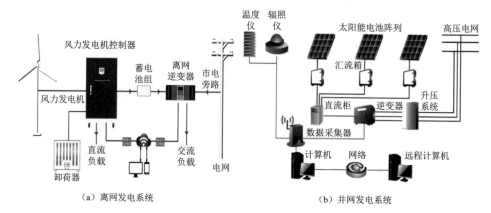

（a）离网发电系统　　　　　　　　　　（b）并网发电系统

图 3.14　光伏发电系统示意图

2. 并网发电系统

并网发电系统就是太阳电池组件产生的直流电经过并网逆变器转换成符合市电电网要求的交流电之后直接接入公共电网。并网发电系统中集中式大型并网电站一般都是国家级电站，主要特点是将所发电能直接输送到电网，由电网统一调配向用户供电。并网发电系统如图 3.14（b）所示。但这种电站投资大、建设周期长、占地面积大，发展前景一般。而分散式小型并网发电系统，特别是光伏建筑一体化发电系统，由于投资小、建设快、占地面积小、政策支持力度大等优点，是目前并网发电的主流。各部分的作用如下：

（1）太阳电池板。太阳电池板是光伏发电系统中的核心部分，也是光伏发电系统中价值最高的部分。其作用是将太阳能转化为电能，或送往蓄电池中存储起来，或推动负载工作。太阳电池板的质量和成本将直接决定整个系统的质量和成本。

（2）光伏控制器。光伏控制器是对光伏发电系统管理和控制的设备，主要由电子元器件、仪表、继电器、开关等组成。其主要作用是保护设备、显示系统工作状态、光伏系统数据及信息储存、系统故障报警、光伏系统遥测、遥控、遥信等，并对蓄电池起到过充电保护、过放电保护的作用。在温差较大的地方，合格的光伏控制器还应具备温度补偿的功能。其他附加功能如光控开关、时控开关都应当是控制器的可选项。

光伏控制器（图 3.15）采用高速 CPU 微处理器和高精度 A/D 模数转换器，是一个微机数据采集和监测控制系统。既可快速实时采集光伏发电系统当前的工作状态，随时获得太阳电池板方阵的工作信息，又可详细积累光伏电站的历史数据，为评估光伏电站系统设计的合理性及检验系统部件质量的可靠性提供了准确而充分的依据。此外，光伏控制器还具有串行通信数据传输功能，可将多个光伏系统子站进行集中管理和远距离控制。

  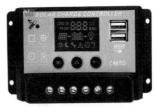

图 3.15 光伏控制器

光伏控制器使用最大功率追踪技术（MPPT），从而保证光伏阵列全天时、全天候最大效率地工作。可以将光伏组件工作效率提高 30%（平均可提高效率为 10%～25%）。

另外，控制器还包含搜索功能，它在整个太阳电池工作电压范围内每 2h 搜寻一次绝对最大功率输出点。

（3）蓄电池。蓄电池是光伏发电系统的核心设备之一（图 3.16），其主要实现对电能进行储存、管理，并起到钳位工作效用，降低由于辐射或者连接过载而对整个电池组所带来的不良影响，蓄电池还能够确保光伏阵列的布置处于最佳的区域位置，提高太阳能的利用效率。蓄电池能为光伏阵列提供必要的电流，保证相应的阵列能够正常启动。此外，相应的光伏阵列在运转过程中可能会受到诸如短路等相关因素的影响，从而使得电流无法正常启动负载，而在引入对应的蓄电池之后，能够确保光伏阵列的负载具备充足的电流，使其能够稳定、正常地运行。此外，最重要的是，蓄电池所具备的储能作用还能够保障光伏阵列正常运转，使得光伏阵列不会因为光照强度降低而出现运行停止的状况。因此，蓄电池在光伏发电系统中的使用具有较大的现实意义，能够保障整个光伏系统稳定、高效地运行。

蓄电池一般为铅酸电池，有 12V 和 24V 这两种，小微型系统中，也可用镍氢电池、镍镉电池或锂电池。

图 3.16 蓄电池

（4）逆变器。很多场合都需要提供 AC 220V、AC 110V 的交流电源。由于光伏发电系统的直接输出一般为 DC 12V、DC 24V、DC 48V，为能向 AC 220V 的电器提供电能，需要将光伏发电系统所发出的直流电能转换成交流电能，因此需要使用 DC/AC 逆变器（图 3.17）。在某些场合，需要使用多种电压的负载时，也要用到 DC/DC 逆变器，如将 DC 24V 的电能转换成 DC 5V 的电能（注意，不是简单的降压）。

图 3.17　光伏逆变器

光伏发电系统发出的直流电需要通过一系列逆变、控制、检测、保护等手段，才能并入电网，通常将控制器和逆变器结合在一起，组成逆变控制器，因此逆变器还应有并网和保护等功能。

3.2.3　光伏发电技术的应用

3.2.3.1　风光互补发电系统应用

1. 技术原理

风光互补发电系统（图 3.18）利用光伏阵列、风力发电机（将交流电转化为直流电）将发出的电能存储到蓄电池组中，当用户需要用电时，逆变器将蓄电池组中储存的直流电转变为交流电，通过输电线路送到用户负载处。风光互补发电系统是风电机组和光伏阵列两种发电设备共同发电。风光互补电站主要由风力发电机、光伏阵列、智能控制器、蓄电池组、多功能逆变器、电缆及支撑和辅助件等组成。夜间和阴雨天无阳光时由风能发电，晴天由太阳能发电，在既有风又有太阳的情况下两者同时发挥作用，实现了全天候的发电功能，比单用风能和太阳能更经济、科学、实用，适用于道路照明、农业、农牧业、种植、养殖业、旅游业、广告业、服务业、港口、山区、林区、铁路、石油、部队边防哨所、通信中继站、公路和铁路信号站、地质勘探和野外考察工作站及其他用电不便地区。

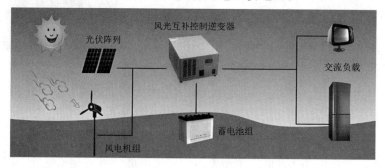

图 3.18　风光互补发电系统

2. 技术构成

(1) 发电部分。由一台或者几台风电机组和光伏阵列组成，完成风—电、光—电转换，并通过充电控制器与直流中心完成蓄电池组的自动充电。

(2) 蓄电部分。由多节蓄电池组成，完成系统的全部电能储备任务。

(3) 充电控制器及直流中心部分。由风能和太阳能充电控制器、直流中心、控制柜、避雷器等组成，完成系统各部分的连接、组合以及对于蓄电池组充电的自动控制。

(4) 供电部分。由一台或者几台逆变电源组成，可把蓄电池中的直流电能变换成标准的 220V 交流电能，供给各种用电器。

3. 特点

(1) 风光互补发电系统由光伏阵列、风电机组、系统控制器、蓄电池组和逆变器等部分组成，发电系统各部分容量的合理配置对保证发电系统的可靠性非常重要。

(2) 由于太阳能与风能的互补性强，风光互补发电系统在资源上弥补了风电和光伏发电独立系统在资源上的缺陷。同时，风电和光伏发电系统在蓄电池组和逆变环节是可以通用的，因此造价较低，成本趋于合理。

(3) 风光互补电站是针对通信基站、微波站、边防哨所、边远牧区、无电户地区及海岛，远离大电网，处于无电状态、人烟稀少，用电负荷低且交通不便的情况下，利用本地区充裕的风能、太阳能建设的一种经济实用性发电站。

4. 优点

(1) 昼夜互补——中午太阳能发电，夜晚风能发电。

(2) 季节互补——夏季日照强烈，冬季风能强盛。

通过互补，大大提高系统供电稳定性。

5. 系统应用

风光互补发电系统典型应用如下：

(1) 日用产品。如风光互补路灯照明系统、风光互补供暖、风光互充电电源、风光互补独立电源等。

(2) 建筑行业。例如，北京奥运会已经将风力发电机和太阳能集热管安装进了奥运村。风光互补发电系统还用于光伏一体化建筑、屋顶风光、风光互补锅炉和风光互补并网等。

(3) 并网发电。随着全球对可再生能源的需求不断增加，风光互补发电系统市场也在迅速扩大。风光互补发电系统的独特之处在于它能够有效地利用风能和太阳能，这两种能源具有互补性，可以在不同时间和条件下提供稳定的电力供应。无论是在海上、山区还是城市等各种环境中，风光互补发电系统都能够发挥作用。这为不同地区提供了发展机遇，尤其是那些资源条件相对较差的地区，可以利用风光互补发电系统来实现可持续能源的供应。

(4) 沙漠治理。沙漠治理不仅需要大量的水资源，也需要大量的电能。随着我国对沙漠进行治理，沙漠公路已经开通了数条，改善了当地自然生态和居民的生活条件。随着治理的进一步需求，风光互补水泵、光伏水泵和风能水泵也将有更广阔的市场。

6. 存在的问题

（1）技术方面。风电和光电系统都存在由于资源的不确定性导致发电与用电负荷的不平衡问题，都必须通过蓄电池储能才能稳定供电。但每天的发电受天气的影响很大，导致系统的蓄电池组长期处于亏电状态。这也是蓄电池组使用寿命降低的主要原因。风光互补电站一般处于无人值守的状态，为了了解系统运行状态，就需要逆变器具有数据检测、显示和通信的功能。当然，要根据具体情况来决定是否需要此项功能，但是，高可靠性和稳定性是光伏电站中逆变器一个特别重要的指标。而对于小型离网型系统需进行大风限速保护，当风电机组输入的能量大于系统当时所能消耗的能量以及系统所能储存的能量总时，能有效地减小风电机组吸收风能，使风电机组不致超速运行。目前，各型风电机组的限速保护方案大多使用机械限速保护。

机械限速保护装置可靠性差，除了设计不当的因素以外，实际上是其固有弊端。自然界的风况是十分复杂的。湍流是主状态，同时，风速、风向的变化频繁而迅速。任何机械装置都不可能瞬时响应实际情况的变化，加上长期运行导致的机械磨损会使装置的配合间隙增大。所有这些均会导致保护滞后、失效，引发风电机组飞车、过载和剧烈振动等破坏性结果。因此，目前使用较多的是磁电限速保护，其通过降低风轮风能利用率的方法进行减速，使保护动作更加安全可靠。

因光伏发电系统只能发出直流电，并网型风光互补发电系统必须采用逆变器。功能强大的逆变器具有数据采集、效率追踪、系统保护和通信功能，这些功能都是风光互补发电系统必不可少的功能模块，是系统运行的保证。

（2）能量方面。风能与太阳能都属于能量密度很低的能源，且都随着天气和气候的变化而变化。这种能量的不稳定性给两种能源的使用带来了困难。现在全世界比较公认的看法是，间歇式能源在常规电网中的比重不能超过20％（除非电网中有大量的水电或者抽水蓄能电站），否则，就有可能造成电网运行困难甚至崩溃。

另外，根据中国气象局风能太阳能资源评估中心提供的全国每月平均风速资料显示，全国大部分地区的平均风速都在$1 \sim 3 m/s$，这样的风速对于普通的风电机组来说是无法满足其效能的。因此大部分城市的风能资源不能满足风电场的选址要求。

不同地区，太阳能、风能资源以及用电负荷情况有很大不同，如何评价系统及系统中主要部件的实际运行性能，进而对已安装的系统进行评估，最终给出不同地区最优系统设计方案是今后实施风光互补发电系统工程应解决的主要技术问题。

（3）设备通信。为了使整个并网系统既成为一个整体，又能够分解为独立运行的拥有标准化接口的单元，便于系统的重组和独立单元用于其他系统，要求系统具有良好的通信设计。控制系统的通信设计方面，通信协议需要进一步丰富，未来发展成为能适用于多种通信方式的通信协议，尽可能多地兼容其他的通信协议，这样便于将来控制系统功能的丰富和系统扩展，使新开发的数据采集或者数据控制设备很方便地接入现有的系统。

（4）经济分析。风光互补发电技术运行成本低，资源丰富，但造价昂贵。为加快风电事业的发展，加强风力发电政策的研究十分必要。目前对于风力发电产业政策的研究，国内所采用的主要是定性分析方法，缺乏有效的计算机模型对各种风力发电政策进行技术经济分析，即使有少量利用计算机建模技术的尝试，由于政策问题本身的特点和模型所使用的常规数学方法的限制也难以满足政策研究的需要。

近年来，国外已相继开发出一些模拟风力、光伏及其互补发电系统性能的大型工具软件包。通过模拟不同系统配置的性能表现和供电成本可以优化出最佳的系统配置。但是，由于这些软件工具包价格不菲，尚未完全普及；另外，模拟所使用的表征风电机组、光伏组件和蓄电池特性的数学模型还尚未公开。

3.2.3.2 光伏发电并网技术

1. 要求

在光伏发电并网技术应用中，电力企业应遵循电气与电子工程师协会（IEEE）提出的技术要求，提高光伏发电的可靠性。细化来说，具体要求如下：

（1）接入点电压。在光伏发电系统中，IEEE对接入点电压提出明确要求，需控制在电网额定电压的88%～110%。以220V电网为例，接入点电压应控制在193～242V范围内。如接入点电压不处于规定范围，需通过并网逆变器调节，根据异常电压数值，选择合适的切入与切出时间。

（2）电流谐波。在光伏发电系统中，电流谐波含量会影响并网效果，要求总谐波畸变率控制在4%以内，不同谐波次数的电流谐波含量要求不同。例如：低于11的谐波次数，谐波含量应低于4%；11～17的谐波次数，谐波含量应低于2%；17～23的谐波次数，谐波含量应低于1.5%等。

（3）电压闪变。在光伏发电系统中，接入并网逆变器后，接入点电压可能出现电压闪变现象，导致接入点电压偏离，IEEE要求接入点电压偏离幅度小于额定电压的5%。

（4）电网频率。电网频率要求与接入点电压类似，标准要求范围为40.5～49.4Hz，异常电网频率由并网逆变器调节。

2. 应用方式

就目前的技术水平，光伏发电并网技术应用最为广泛的方式为分布式，系统结构包括光伏组件、DC/DC变换器、并网逆变器、控制器等，为并网提供支持。在分布式供电系统中，并网技术可分为以下应用方式：

（1）单级式光伏发电并网技术。在该技术构成的发电系统中，光伏组件位于并网逆变器的直流侧，两者以串联方式连接，光伏组件间也选择串联连接方式；工频变压器位于并网逆变器的交流侧，并与电网连接，实现并网。这种并网技术应用较少，大都用于大容量光伏电站中，存在成本高、灵活性低的问题，如果太阳光光照强度薄弱，发电效率会显著下降，不满足主供电网需求。

（2）两级式光伏发电并网技术。在该技术构成的发电系统中，光伏组件与DC/DC变换器连接，DC/DC变换器负责将直流电转变为稳定直流电压，位于并网逆变器的直流侧，并联连接；并网逆变器通过隔离变压器将交流电并入主供电网。

常用的 DC/DC 变换器包括 Boost、Buck 等。这种并网技术常用于中小容量的光伏电站中，和单级式光伏发电系统相比，基于两级式光伏并网技术的发电系统具备更高的灵活性，且运行效率更高，部署的控制算法更为简单。

（3）多级式光伏发电并网技术。在该技术构成的发电系统中，包括三级电能变换：一级变换为光伏组件与 DC/DC 变换器间的电能转变，将直流电转变为交流电；二级变换为 DC/DC 变换器与 AC/DC 变换器间的电能变换，将交流电转变为稳定直流电压；三级变换为 AC/DC 变换器与并网逆变器间的电能转变，将稳定直流电压转变为稳定交流电压。该技术常用于中小功率且并网逆变器直流侧电压较低（即太阳光强度薄弱）的电站，具有较高的灵活性，但由于部署电能转换设备多，成本偏高。

在分布式光伏发电系统设计中，设计人员应根据发电系统的建设需求和实际条件，选择合适的并网技术应用方式，保障光伏发电系统的经济性及可靠性。

3.2.3.3　独立光伏发电系统

典型的独立光伏发电系统由光伏阵列及与之相连的电池组成（图 3.19）。在有阳光的时候，光伏阵列给负荷提供功率并给电池充电，其他情况电池给负荷提供功率。采用逆变器将阵列与电池的直流功率转化为 60Hz 或 50Hz 的交流功率。有很宽范围额定功率的逆变器可以利用，其效率为 85%～95%。为了提高可靠性，可将阵列用绝缘二极管分成一块一块的。在这种设计中，如果一串光伏阵列失效，失效的部分不会成为剩余部分的负载或将其短路。为了提高可靠性建议采用多个逆变器。

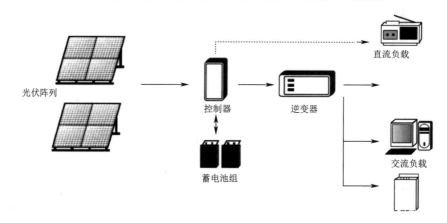

图 3.19　典型的独立光伏发电系统

在设计独立光伏发电系统时，需要根据实际情况考虑光伏组件的容量、储能装置的容量和类型、逆变器的选择等因素。同时，还需要进行合理的负载管理和能量管理，以确保系统能够满足用电需求并保持稳定运行。独立光伏发电系统能够在无电网或电网不稳定的环境中提供可靠的电力供应。它不仅可以减少对传统能源的依赖，降低能源成本，还可以减少对环境的影响。因此，在偏远地区、岛屿、山区和营地等场所，独立光伏发电系统被广泛应用。

3.2.3.4　光伏建筑一体化技术

光伏建筑一体化（图 3.20）不仅能够发挥光伏发电功能，还具备保温隔热、遮阳和美化建筑外观等多重作用。常见的光伏建筑一体化技术包括屋顶光伏系统、透明光伏玻璃幕墙系统和光伏窗户系统等。这些技术充分考虑了光伏元件与建筑外观的协调性，使光伏系统在不破坏建筑美观性的同时能有效发电。它不仅为建筑提供了可再生能源，减少了能源消耗和碳排放，还提高了建筑的节能性和环境适应能力。通过光伏建筑一体化技术，建筑可以利用太阳能发电，满足自身的能源需求，并向电网注入多余的电能。这有助于推动可持续建筑的发展，减少对传统能源的依赖，实现可持续利用。

图 3.20 光伏建筑一体化

3.3 光伏发电技术实习指导

3.3.1 实习目的

1. 熟悉光伏发电基本原理。
2. 熟悉光伏发电系统构成及分类。

3.3.2 实习内容

1. 光伏发电基本原理。
2. 光伏发电系统构成及分类。
3. 光伏发电技术。

3.3.3 实习步骤

1. 教师讲授，学生认知。
2. 分组讨论，提高认识。

3.3.4 实习结果

1. 通过实习对光伏发电技术有更深层次的了解。
2. 提高了学习动力，对未来从事光伏发电工作前景充满信心。

3.3.5 撰写实习报告

第4章 风力发电技术

4.1 风力发电行业概况

风力发电是指把风的动能转换为电能，相比传统火力发电污染更小。经过多年发展，风电机组大型化及技术进步带来风电整体造价阶梯式下降，经济效益突出；作为绿色新能源，风能已成为近年来发展最快的可再生能源之一。整体来看，风力发电行业具备以下特点：

1. 我国风能资源储备丰富，供应和需求呈逆向分布

我国拥有丰富的风能资源，风能资源开发利用潜力巨大。根据《2023年中国风能太阳能资源年景公报》，2023年全国风能资源为正常年景，与近十年（2013—2022年）相比，10m高度年平均风速偏小0.03%；比2022年偏大约0.72%。70m高度年平均风速约5.4m/s，年平均风功率密度约为193.5W/m²；100m高度年平均风速约5.7m/s，年平均风功率密度约为228.9W/m²。上海、江苏、海南、青海、河北等5个省（直辖市）70m高度年平均风速偏小5%以上；辽宁、四川、山西等3个省70m高度年平均风速偏大5%以上；其他地区与近十年平均值接近。新疆南部、内蒙古中西部、四川大部、云南东北部、华南北部等地70m高度风能资源较近十年偏好。从空间分布看，内蒙古中东部、黑龙江东部、河北北部、山西北部、新疆北部和东部、青藏高原、云贵高原的山脊地区等地的风能资源较好，70m高度平均风功率密度超300W/m²，有利于风力发电。在"十四五"重大陆上新能源基地中，新疆、河西走廊、黄河几字弯、冀北等新能源基地风能资源好。

我国陆上风能资源丰富地区主要集中在东北、华北、西北地区（简称"三北"地区），范围涵盖东北三省、内蒙古、华北北部、甘肃西部（酒泉）、新疆北部和东部等。海上风能资源主要分布在我国的东南沿海，其中以中国台湾海峡的风能资源最为丰富。我国风能资源较好的"三北"地区，电力负荷较小，而用电负荷较大的中东部和南方地区风能资源较为欠缺，造成了供给和需求逆向分布的情况，对我国风电电能调配、电网建设、电力输送提出了较高的要求。

我国不同地区风电开发侧重点各不相同："三北"地区陆上风电发展需要提升当地电力系统灵活性，确保外送通道中的新能源电量占比，探索以新能源电量为主的跨省区外送方式；中东南部陆上风电发展重点解决土地利用、生态环保等资源开

发问题，推进低风速技术进步，提升风电在当地能源供应中的比重；海上风电要开发适应海上特殊环境的大容量风电机组，提升工程施工建造水平，通过集中连片开发推动海上风电成本下降。

2. 风电装机容量持续增长，弃风限电问题明显改善

我国风电行业始于 20 世纪 50 年代后期，自我国第一座并网运行的风电场于1986 年在山东荣成建成后，风电场建设经历了探索、快速发展、调整及稳步增长各阶段。伴随着 2006 年《中华人民共和国可再生能源法》的实施以及《电网企业全额收购可再生能源电量监管办法》（国家电力监管委员会令 25 号）、《可再生能源发电全额保障性收购管理办法》（发改能源〔2016〕625 号）等各项配套制度的不断完善，我国风电进入高速发展。据国家能源局消息，截至 2023 年 8 月底，全国累计发电装机容量约 27.6 亿 kW，同比增长 11.9%。其中，太阳能发电装机容量约 5.1亿 kW，同比增长 44.4%；风电装机容量约 4.0 亿 kW，同比增长 14.8%。同时，经过几年的高速发展，我国风电行业开始出现明显弃风限电现象，以及行业恶性竞争加剧使得设备制造产能过剩。"十三五"以来，为引导风电行业可持续发展，我国政府发布了一系列政策，针对有效缓解风电并网、弃风限电、无序竞争等问题进行改革，我国风电行业逐渐复苏，新增装机容量高速发展。

3. "十四五"时期风电装机布局侧重点明显，大基地建设为装机主力

风电装机布局侧重点明显，九大清洁能源基地和五大海上风电基地将成为"十四五"时期的装机主力，大型新能源基地主要分布于"三北"地区和西部地区，国家能源局按照统筹规划、突出重点、生态优先、目标导向、保障消纳的原则，明确了第一批约 1 亿 kW 大型风电光伏基地项目 50 个。

这些项目以风光资源为依托、以区域电网为支撑、以输电通道为牵引、以高效消纳为目标，统筹风光资源禀赋和消纳条件，重点利用沙漠、戈壁、荒漠地区土地资源，通过板上发电、板下种植、治沙改土、资源综合利用等发展模式，实现生态效益、经济效益、减碳效益等多重效益，在促进我国能源绿色低碳转型发展的同时，能够有效带动产业发展、地方经济发展。第二批基地项目工作也在陆续开展中。

"十四五"期间实施"千乡万村驭风计划"，分散式风电布局突出。分散式风电项目一般位于负荷中心附近，不以大规模远距离输送电力为目的，所产生的电力可以自用，也可上网且在配电系统平衡调节。伴随着我国低速风机技术进步，中东南部具有消纳优势明显的低风速资源区域已具备开发条件，可实现就地生产就地消纳，可供开发资源潜力在 10 亿 kW 以上。

同时，因国内早期开发的风电项目机组额定风速高、单位千瓦扫风面积较小、风能利用率较低，随着宁夏老旧风电场"以大代小"率先试点，未来将在风能资源优质地区有序实施老旧风电场升级改造。

4. 技术进步推动风电装机成本持续下降，促使潜在开发规模提升

随着国民经济发展水平提高，风能作为典型的无污染、可再生的新能源，已经成为我国能源发展规划中的重要一环，风电装机规模逐渐扩大的同时，技术发展、供应链水平提高以及零部件环节优化共同推动风电整体成本下降。伴随风电开发进

入大型机组时代，风轮直径和轮毂高度的提升使得风电机组在风速较低的地区获得更多动力，单个机组功率的增加可摊薄其他各项成本（机位点、土地、线路、运维等），推动风电机组单位成本进一步下降。

近期多项研究显示，我国已成为可再生能源领域的全球引领者，在技术、成本等方面进步不断。香港《南华早报》2024 年 3 月 28 日报道称，我国风电装机成本出现"历史性突破"，大幅下降至略高于 2 元/W，仅为美国同等产品的 1/5。报道称内蒙古一个风电项目政府招标文件显示，由于技术进步和规模经济效应，风力发电在我国迅猛发展，安装价格下降了近 45%。在这份招标文件中，风电安装的最低报价为 2.15 元/W，最高为 2.7 元/W。这一价格比去年国内 3.9 元/W 的最低价格便宜得多，并且可能将在整个市场重复出现。与此同时，美国能源部报告显示，美国 2021 年风电项目的平均安装成本较往年也大幅下降，但仍保持在 1500 美元/kW，约 10.8 元人民币/W。数据表明，我国已经巩固了自己在绿色竞赛中的全球领导者地位，远远领先于美国。

风电机组技术进步在促使风电项目整体造价降低的同时，亦将低风速区域和远海风电项目开发变为可能，推动了风能资源潜在开发规模的提升。

4.2　风　电　机　组

4.2.1　风电机组工作原理

风电机组是一种利用风力转动风轮产生机械能，再通过发电机将机械能转换为电能的设备，工作原理主要包括风能捕捉、传动装置和发电装置 3 个方面。风电机组的工作原理如图 4.1 所示。

1. 风能捕捉

风电机组的核心部件是风轮（也叫叶轮、叶片）。当风吹来时，风轮就会受到风的冲击而转动，将风的动能转化为风轮的动能。风轮

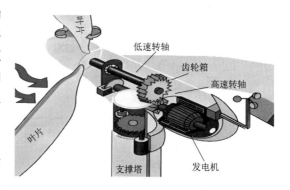

图 4.1　风电机组的工作原理

一般有 3 个或更多的叶片，叶片的形状和角度经过精确设计，既能捕捉更多的风能，又能降低空气阻力。此外，风轮的尺寸也会根据需要进行选择，一般情况下，风轮的直径越大，捕捉到的风能就越多。

2. 传动装置

传动装置是将风轮转动的动能传递到发电机的装置。一般情况下，传动装置由齿轮箱、轴和传动皮带或链条组成。风轮转动时，通过齿轮箱将旋转速度提高，然后将动能传递给发电机。传动装置的设计需要考虑传递效率和稳定性两方面的因

素，以确保风能的转换效率和运行的稳定性。

3. 发电装置

发电机是风电机组的核心组件之一，它将机械能转化为电能。发电机通常由转子和定子组成。转子由风轮的动能驱动旋转；定子上则有线圈，当转子旋转时，会在定子线圈上产生感应电流。通过定子线圈上的电流，就能够获取到发电机输出的电能。发电机的设计需要考虑转速、输出功率和效率等多个因素，以确保所需的电能输出满足使用需求。

风电机组的工作原理简单明了，但其实际应用过程中还需要考虑风速、风向、系统控制和安全等多个因素，以确保风电机组的稳定运行和高效发电。

4.2.2 风电机组构成

风电机组是一种将风能转换为电能的能量转换装置，它包括风力机和发电机两大部分。空气流动的动能作用在风力机风轮上，从而推动风轮旋转起来，将空气动能转变成风轮旋转的机械能，风轮的轮毂固定在风力发电机的机轴上，通过传动系统驱动发电机轴及转子旋转，发电机将机械能变成电能输送给负荷或电力系统，这就是风力发电的工作过程。风电机组是由风轮、轮毂、偏航系统、变桨系统、主轴、发电机、机舱、塔架等组成。

风电机组结构如图 4.2 所示，各主要组成部分的功能如下：

（1）叶轮。捕获风，并将风力传送到转子轴心。600kW 风电机组，每个转子叶片的测量长度大约为 20m，形如飞机的机翼。

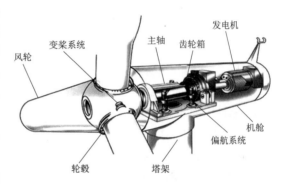

图 4.2　风电机组结构

（2）轮毂。轮毂主要作用是连接叶片和主轴，起到支撑和保护叶片的作用，防止叶片在高速旋转时受到损伤。轮毂是风电机组的关键部件之一，它连接叶片和主轴，通过这种方式，轮毂不仅支撑着叶片，还保护叶片免受高速旋转时可能产生的损伤。此外，轮毂还承受风力作用在叶片上的推力、扭矩、弯矩及陀螺力矩，然后将这些力和力矩传递到机械机构中去，因此轮毂是风轮乃至风力发电设备的重要零件。

（3）偏航系统。借助电动机转动机舱，以使转子正对着风。偏航装置由电子控制器操作，电子控制器可以通过风向标来感觉风向。通常，在风改变其方向时，风力发电机一次只会偏转几度。

（4）变桨系统。变桨系统作为大型风电机组控制系统的核心部分之一，对机组安全、稳定、高效的运行具有十分重要的作用。稳定的变桨控制已成为当前大型风力发电机组控制技术研究的热点和难点之一。变桨控制技术简单来说，就是通过调节桨叶的节距角，改变气流对桨叶的攻角，进而控制风轮捕获的气动转矩和气动功率。

（5）主轴。风电机组主轴是连接风电机组风轮与底座的重要部件，风电机组主轴是中空的，风电机组主轴的材质是不锈钢的，内孔加工比较困难，对风电机组主轴的加工设备是深孔钻镗床，根据风电机组主轴的特性，深孔钻镗床要加高床头。

（6）齿轮箱。齿轮箱左边是低速轴，它可以将高速轴的转速提高至低速轴的50倍。

（7）发电机。通常被称为感应电机或异步发电机。在现代风力发电机上，最大电力输出通常为500～1500kW。

（8）机舱。机舱包含着风力发电机的关键设备，包括齿轮箱、发电机。维护人员可以通过风电机组塔进入机舱。机舱左端是风力发电机转子，即转子叶片及轴。

（9）塔架。风电机组塔载有机舱及转子。通常高的塔具有优势，因为离地面越高，风速越大。600kW风电机组的塔高为40～60m。它可以为管状的塔，也可以是格子状的塔。管状的塔对于维修人员更为安全，因为他们可以通过内部的梯子到达塔顶。格状的塔的优点在于价格便宜。

4.2.3　风力机的类型与结构

风力机主要有水平轴风力机和垂直轴风力机两类。

4.2.3.1　电力机的类型

1．水平轴风力机

水平轴风力机的旋转轴与风向平行，即与地面呈水平状态。水平轴风力机主要有荷兰式、农庄式（又称美洲式）、自行车式和桨叶式，如图4.3所示。其中：荷兰式、农庄式为早期大量使用的机型，桨叶式风力机为目前普遍使用的一种；自行车式风力机由轮毂、辐条和外圈组成，中空的桨叶套在辐条上，其结构简单、启动力矩大、风能利用系数较高，是稍晚发展起来的一种机型。

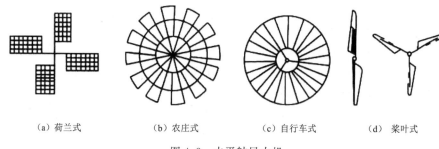

|(a) 荷兰式|(b) 农庄式|(c) 自行车式|(d) 桨叶式|

图4.3　水平轴风力机

水平轴风力机又可分为升力型和阻力型两类。升力型旋转速度快，阻力型旋转速度慢，风力发电一般多采用升力型。由于风轮的转速比较低，而且风力的大小和方向经常变化，使转速不稳定，所以在带动发电机之前，还必须附加一个把转速提高到发电机额定转速的齿轮变速箱，再加一个调速机构使转速保持稳定，然后再连接到发电机上。

为保持风轮始终对准风向以获得最大功率，小型水平轴风力机还需在风轮的后面装一个类似风向标的尾舵，而对于大型的风力机，则利用风向传感元件及伺服电动机组成的传动机构来控制。

　　水平轴风力机的技术参数主要有：风轮直径，一般风力机的功率越大，风轮直径越大；叶片数量，高速发电机的风力机叶片数为 $2\sim4$ 片，低速风力机大于 4 片；风能利用系数，一般为 $0.15\sim0.5$ 之间；启动风速，一般为 $3\sim5m/s$；停机风速，一般为 $15\sim35m/s$；输出功率，几十瓦至几兆瓦。

　　2. 垂直轴风力机

　　垂直轴风力机的旋转轴垂直于地面，即与风向垂直，又称立轴风力机。立轴风力机在风向改变时无需对风，其设计、制造、安装、运行都比水平轴风力机简单和方便。常见的垂直轴风力机有萨窝纽斯式、达里厄式和旋翼式，如图 4.4 所示。

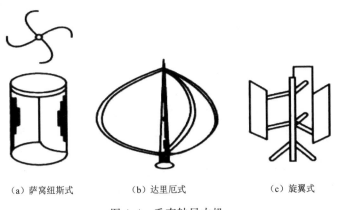

(a) 萨窝纽斯式　　　　　(b) 达里厄式　　　　　(c) 旋翼式

图 4.4　垂直轴风力机

　　目前主要使用的是水平轴风力机，其数量占绝大多数，可达 98% 以上。垂直轴风力机主要是达里厄式。

4.2.3.2　风力机的基本结构

　　风力机是把风的动能转换成机械能的机械设备，通常与发电机一起组成风电机组。风力机通常由风轮、对风装置、调速（限速）机构、传动装置、做功装置、储能装置、塔架及附属部件组成。就以水平轴风力机为例，分析风力机的基本结构，如图 4.5 所示。

　　1. 风轮

　　风轮是风力机最重要的部件，它是风力机区别于其他动力机的主要标志。其作用是捕捉和吸收风能，并将风能转变成机械能，由风轮轴将能量送给传动装置。

　　风轮一般由 $2\sim3$ 个叶片、轮毂和风轮轴组成。叶片的横截面有平板型、弧板型和流线型。风力发电机的叶片就是流线型。

　　2. 对风装置

　　自然界风的方向和速度经常变化，为了使风力机能有效地捕捉风能，就应设置对风装置，以跟踪风向的变化，保证风轮始终处于通风状况。常用的风力机对风装

图 4.5　水平轴风力机基本结构

置有尾舵（尾翼）、舵轮、电动对风装置和自动对风轮 4 种。下风向风力机不需要对风装置，上风向风力机必须有此装置。

（1）尾舵。尾舵也称尾翼，是常见的一种对风装置，微型、小型风力机普遍应用此种装置。尾舵的翼展与弦长之比为 2～5，对风向变化敏感，跟踪性好，不需要特殊控制。

尾舵的面积多为风轮旋转面积的 15％～20％，尾舵到风轮的距离一般为风轮直径的 0.8～1.0 倍。尾舵常处于风轮后面的尾流区里，为了避开尾流的影响，可将尾舵翘起安装，高出风轮。尾舵多用于小型风力发电机。

（2）舵轮。在风轮后面装有两个平行的多叶片式小风轮，此为舵轮，其旋转面与风轮扫掠面垂直。风力机工作时，风轮对准风向，舵轮旋转平面与风向平行，所以舵轮不转动。当风向变化时，舵轮与风向成某一角度，在风力作用下舵轮开始旋转，通过传动系统，使风力机的风轮再对准风向，舵轮旋转平面又恢复到与风向平行的位置，便停止转动。舵轮比尾舵工作平稳，多用于中型风力机。

（3）电动对风装置。电动对风装置常在中型和大型风力机上采用。该装置的风向感受信号来自装在机舱上面的风向标。在风向标的垂直轴上有一个凸轮，轴的下端有浸没在油缸中的阻尼板（板上钻有很多小孔，用以吸收风向的脉动）。当风向偏离风轮轴线±15°时，风向标带动其垂直轴上的凸轮转动，使左侧或右侧的限位开关接通，经过 30s（可任意调时）延时后，交流接触器闭合，启动对风伺服电动机左转或右转，并接通相应的指示灯。伺服电动机经过减速器带动回转体上的转盘转动，使风轮重新迎风后，限位开关断开，电动机停转，指示灯熄灭。两只交流接触器互为闭锁，从而保证动作时只能闭合一只，而不会同时接通造成短路。

（4）自动对风轮。风轮安装在塔架的下风位置，即后置式布置，利用风作用在风轮上的阻力的方法，使风轮自动对准风向。

3. 调速（限速）机构

风轮的转速随风速的增大而变快，当转速超过设计允许值后，将可能导致机组的毁坏或寿命的减少，有了调速（限速）机构，即使风速很大，风轮的转速仍能维持在一个较稳定的范围之内，防止超速乃至飞车的发生。

风力机的调速（限速）机构大体上有减少风轮迎风面积、改变翼型攻角和利用空气阻尼力 3 种基本方式。

（1）减少风轮迎风面积。风轮在正常工作时，其迎风面积为叶片回转时所扫掠的圆形面积。当风速超过额定风速，风轮相对风向发生偏转，从而减少风轮接收风能的面积。所以，尽管风速增大了，风轮的转速并未变快。

（2）改变翼型攻角（变桨距调节）。此种调速方法也称为变桨距调速法。其基本原理是改变翼型的攻角，减小升力系数，降低叶片的升力，从而达到限速的目的。

采用桨距控制除可控制转速外，还可减小转子和驱动链中各部件的压力，并允许风力机在很大的风速下运行，因而应用相当广泛。在中小型风力机中，采用离心调速方式比较普遍，利用桨叶或安装在风轮上的配重所受的离心力来进行控制。风轮转速增加时，旋转配重或桨叶的离心力随之增加并压缩弹簧，使叶片的桨距角改变，受到的风力减小，以降低转速。当离心力等于弹簧张力时即达到平衡位置。

（3）利用空气阻尼力。此种调速方法的基本原理是在风轮中心或叶片尖端装有带弹簧的阻尼板（翼），当风轮转速过大时，让空气对它的运动产生阻力，从而限制风轮转速的增加。

4. 传动装置

风力机的传动装置一般包括低速轴、高速轴、齿轮箱、联轴节和制动器等。但不是每一种风力机都必须具备所有这些环节。有些风力机的轮毂直接连接到齿轮箱上，不需要低速传动轴。也有一些风力机（特别是小型风力机）设计成无齿轮箱的，风轮直接连接到发电机。

风力机的齿轮箱一般都是增速的，大致可以分为两类，即定轴线齿轮传动和行星齿轮传动。定轴线齿轮传动结构简单，维护容易，造价低廉，故常为风力机采用。行星齿轮传动具有体积小、质量轻、承载能力大、工作平稳和在某些情况下效率高等优点，但结构相对复杂，造价较高，因而未被广泛采用。

5. 塔架

风力机的塔架除了要支撑风力机的重量，还要承受吹向风力机和塔架的风压，以及风力机运行中的动载荷。它的刚度和风力机的振动有密切关系，如果说塔架对小型风力机影响还不太大的话，对大、中型风力机的影响就不容忽视了。

水平轴风力机塔架主要可分为管柱型和桁架型两类。管柱型塔架可从最简单的木杆，一直到大型钢管和混凝土管柱。为了增加抗弯矩的能力，小型风力机塔架可以用拉线来加强。中、大型塔架为了运输方便，可以将钢管分成几段。一般管柱型塔架对风的阻力较小，特别是对于下风向风力机，产生湍流的影响要比桁架型塔架小。桁架型塔架常用于中小型风力机上，其优点是造价不高，运输也方便。但这种塔架会使下风向风力机的叶片产生很大的湍流。

4.2.4 风力发电机的工作原理与类型

4.2.4.1 风力发电机的工作原理

风力发电机的原理是将风的动能转化为电能。一般情况下，风力发电机采用的是感应发电机。风轮的旋转使得转子在磁场中产生感应电动势，然后由发电机将机械能转化为电能。发电机会将产生的电能输出，同时进行调节和控制以适应电网的要求。风力发电机通过、转子、发电机、变频器、变压器等部件的协同作用，将风能转化为电能，并输送到电网。

4.2.4.2　发电机的基本类型

1. 异步发电机

异步发电机（图 4.6）的定子为三相绕组，可采用星形或三角形联结；转子绕组为鼠笼型或绕线型，与电容自励式异步发电机相同，也是采用定子绕组并接电容器来提供无功电流建立磁场，发电机转子的转速略高于旋转磁场的同步转速，并且恒速运行，发电机运行在发电状态。

（a）鼠笼型异步发电机　　　　　　（b）绕线型异步发电机

图 4.6　异步发电机

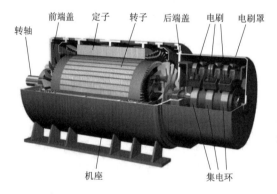

图 4.7　双馈异步发电机

因风力机的转速较低，在风力机和发电机之间需经增速齿轮箱传动来提高转速以达到适合异步发电机运转的转速。一般与电网并联运行的异步发电机为 4 极或 6 极发电机，当电网频率为 50Hz 时，发电机转子的转速必须高于 1500r/min 或 1000r/min，才能运行在发电状态，向电网输送电能。

双馈异步发电机（图 4.7）属于异步发电机的一种，是绕线型转子异步发电机，在风力发电系统中应用较多。双馈异步发电机的转子通过双向变频器与电网连接，成本低，调速范围宽，可跟踪最佳叶尖速，实现最大风能捕获，减小转矩脉动和输出功率的波动，电能质量高，是目前很有发展潜力的变速恒频发电机。

2. 同步发电机

同步发电机（图 4.8）是目前使用最多的一种发电机。同步发电机的定子由定子铁芯和三相定子绕组组成，同步发电机在风轮的拖动下，转子（含磁极）以转速旋转，旋转的转子磁场切割定子上的三相对称绕组，在定子绕组中产生频率为方波的三相对称的感应电动势和电流输出，从而将机械能转化为电能。

永磁式交流同步发电机转子采用永磁材料励磁，转子磁极有凸极式和爪极式两

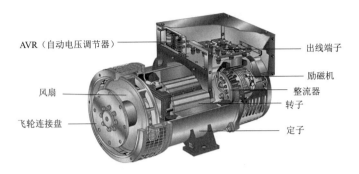

AVR（自动电压调节器）　　出线端子
励磁机
风扇　　整流器
转子
飞轮连接盘　　定子

图 4.8　同步发电机

种。定子与普通交流电机相同，由定子铁芯和定子绕组组成，在定子铁芯槽内安放有三相绕组或单相绕组。当风轮带动发电机转子旋转时，旋转的磁场切割定子绕组，在定子绕组中产生感应电动势，由此产生交流电流输出。定子绕组中的交流电流建立的旋转磁场的转速与转子的转速同步，属于小型同步发电机。

永磁式交流同步发电机的转子上没有励磁绕组，因此无励磁绕组的铜损耗，发电机的效率高；转子上无集电环，发电机运行更可靠；永磁材料一般有铁氧体和硼铁硼两种，其中硼铁硼的剩余磁场强度和矫顽力高，磁能积大，发电机体积更小，重量更轻，制造工艺简便，因此广泛应用于小型及微型风力发电机中。

4.3　风力发电技术利用

4.3.1　风力机的调节与控制

风力机和发电机是风电机组中的两个关键部分，有限的机械强度和电气性能使其速度和功率受到限制，因此风力机和发电机的功率和速度控制是其关键技术之一。风电机组在超过额定风速（一般为 $12\sim16m/s$）以后，由于机械强度和风力机、发电机、电力电子容量等物理性能的限制，必须降低风能所捕获的能量，使功率的输出保持在额定值附近，即保持功率输出恒定，同时减少叶片承受负荷和整个风力机受到的冲击，保证风力机不受伤害。

4.3.1.1　定桨距调节

定桨距失速调节简称定桨距调节，一般用于恒速控制，定桨距是指叶片与轮毂的刚性连接。定桨距风力机的主要结构特点是：叶片与轮毂的连接是固定的，即当风速变化时，叶片的迎风角度不能随之变化，风力机的功率调节完全依靠叶片的气动特性。

定桨距调节的基本原理是利用桨叶翼型本身的失速特性，当桨距角 β 固定不变时，随着风速增加到高于额定风速时，气流的攻角 α 增大，分离区形成大的涡流，流动失去翼型效应，与未分离时相比，上下翼面压力差减小，致使阻力增加，升力减小，形成失速工作状态，其效率降低，从而达到限制功率的目的。定桨距失速调节的优点是结构简单，性能可靠。

4.3.1.2　变桨距调节

变桨距风力机（图 4.9）的整个叶片可以绕叶片中心轴旋转，使叶片的攻角在一定范围（0°～90°）变化，变桨距调节是通过变桨距机构改变叶片桨距角的大小，使叶片桨距角随风速的变化而变化。变桨距调节一般用于变速运行的风电机组，主要目的是改善机组的启动性能和功率特性。根据其作用可分为启动时的转速控制、额定转速以下（欠功率状态）的不控制和额定转速以上（额定功率状态）的恒功率控制三个控制过程。

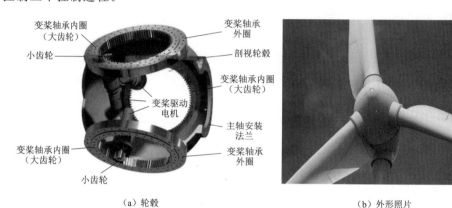

（a）轮毂　　　　　　　　　　　　　　　　（b）外形照片

图 4.9　变桨距风力机

变桨距调节的 3 个调节过程如下：

（1）启动时的转速控制。变桨距风力机的叶片在静止时，桨距角 $\beta = 90°$。这时气流对叶片不产生转矩，实际上整个叶片是一块阻尼板。当风速达到启动风速时，叶片向 0° 方向转动，直到气流对叶片产生一定的攻角，风力机获得最大的启动转矩，实现风力发电机的启动，因此不再需要其他辅助启动设备。在发电机并入电网以前，变桨距系统桨距角的给定值由发电机的转速信号控制。转速调节器按一定的速度上升斜率给出速度参考值，变桨距系统根据给定的速度参考值与反馈信号比较来调整桨距角，进行速度闭环控制。当转速反馈值超过给定值（同步转速）时，桨距角向迎风面积减小的方向转动一个角度，β 增大，攻角 α 减小；反之则向迎风面积增大的方向转动，β 减小，攻角 α 增大。为了减小并网时的冲击，保证平稳并网，可以在一定的时间内保持发电机的转速在同步转速附近，寻找最佳时间并网。

当风力发电机需要脱离电网时，变桨距系统可以先转动叶片使之功率减小，在发电机与电网断开前，功率减小到零，因此当发电机与电网脱开时，没有转矩作用于风力发电机组上，避免了在定桨距风力机上每次脱网时要经历的突甩负载过程。

（2）额定转速以下（欠功率状态）的不控制。发电机并网后，当风速低于额定风速时，发电机运行于额定功率以下的低功率状态，称为欠功率状态。早期的变桨距风力机对此状态不做控制，控制器将叶片桨距角置于 0° 附近，不再变化，与定桨距风力机相似，发电机的功率根据叶片的气动性能随风速的变化而变化。为了改善低风速时的叶片性能，近年来，在并网运行的异步发电机上，利用新技术，根据风速的大小调整发电机的转差率，使其尽量运行在最佳叶尖速比上，以优化功率输出。

（3）额定转速以上（额定功率状态）的恒功率控制。当风速过高时，通过调整叶片节距，改变气流对叶片的攻角，使桨距角 β 向迎风面积减小的方向转动一个角度，β 增大，攻角 α 减小，使功率输出保持在额定值附近，这时风力机在额定点的附近具有较高的风能利用系数。

4.3.1.3 偏航系统的调节

风力机偏航系统（图4.10）是一个随动系统，对风电机组的偏航控制主要完成两个功能：一是使风轮跟踪风向的变化，利于最大风能的捕获；二是当机舱内的电缆发生缠绕时自动解缆。

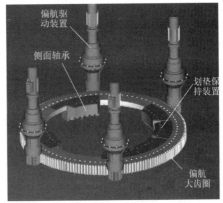

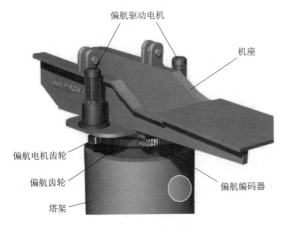

图4.10 风力机偏航系统

正常工作时，偏航系统是一个随动系统。一般在风轮的前部或者机舱一侧装有风向仪，当风轮的主轴与风向仪指向偏离时，控制系统经过一段时间的确认后，会控制偏航电机或者偏航液压马达将风轮调整到与风向一致的方向。就偏航控制而言，对响应的速度和控制的精度要求并不高。但是在对风过程中，整个风电机组作为一个整体转动，具有很大的转动惯量，从控制的稳定性角度考虑，应该设置足够大的阻尼。偏航角度大小的检测通过安装在机舱内的角度编码器实现。作为角度编码器失效的后备措施，在由机舱引入塔架的电缆上安装有行程开关，电缆缠绕达到一定程度，行程开关动作，控制器检测到该信号会启动相应的处理程序。

风电机组无论处于运行状态还是待机状态均可以主动对风。当紧急停车时，需要通过偏航调节使机舱经过最短的路径与风向呈90°夹角。

在风电机组工作时，如果向一个方向偏航的角度过大，将使由机舱引入塔架的各类电缆发生缠绕，影响整个风电机组的正常工作。因此当达到风电机但规定的解缆圈数时，系统应自动解缆，此时启动偏航电机向相反方向转动缠绕圈数，使机舱返回电缆无缠绕位置。解缆完成后，风电机组再进入正常发电的工作状态。

4.3.2 风电机组的控制

4.3.2.1 恒速恒频控制

恒速恒频风力发电系统一般应用于独立运行的系统中，多采用鼠笼型异步发电机，不管风速如何变化，发电机都维持在高于同步转速附近做恒速运行以实现发电频率的恒定。恒速恒频风电机组基本结构如图4.11所示，风能带动风轮，经齿轮箱升速后驱动异步发电机将风能转化为电能。目前国内外普遍使用的是水平轴、上风向、定桨距（或变桨距）风力机，其有效风速范围为3～30m/s，额定风速一般设计为8～15m/s，风力机的额定转速为20～30r/min。

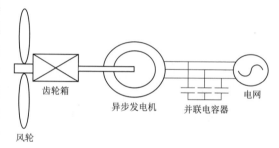

图4.11 恒速恒频风电机组基本结构

恒速恒频风电系统具有结构简单、成本低、过载能力强以及运行可靠性高等特点。但是在恒速恒频风力发电系统中，一方面，风电机组直接与电网相连，风电的特性将直接对电网产生影响；另一方面，其发电设备为异步发电机，它的运行需要无功电流支持，加重了电网的无功负担，使系统的潮流分布更加复杂。

4.3.2.2 变速恒频控制

为实现风能的最大利用和功率的最大输出及稳定，变速恒频风力发电系统的基本控制策略一般确定为：低于额定风速时，跟踪最大风能利用系数，以获得最大能量；高于额定风速时，跟踪最大功率，并保持输出功率稳定。

这种方式可增加10%的风能利用率，以前需增加实现恒频输出的电力电子设备，价格昂贵，现在已经开始使用微机控制的双馈发电机，在变速恒频风力发电上已有比较成功的应用。一般双馈发电机安装了同轴的功率绕组和励磁绕组。励磁绕组由变频器供电，负责控制电机的磁场变化，发电机转子直接与风轮连接，发电机的工作转速就是风轮的转速，变速恒频风电机组基本结构如图4.12所示。

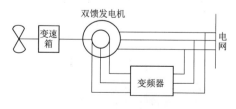

图4.12 变速恒频风电机组基本结构

发电机能够实现变速恒频发电，是因为其励磁电流能按风轮转速的变化而变化，保持旋转磁场与功率绕组的相对转速恒定，无论风轮转速如何变化，只要控制励磁绕组的输入频率，就可以使发电机输出的电频率保持不变，实现电机变速恒频运行。当然实际要求控制精度高，控制计算比较复杂，目前此项控制技术已经成熟，并已经得到广泛应用。

4.3.2.3 运行方式

1. 独立运行方式

独立运行的风电机组，又称离网型风电机组，是把风电机组输出的电能经蓄电池蓄能，再供给用户，可供边远地区、气象台站、边防哨所等电网覆盖不到的地区利用。这种方式的缺点是在无风期不能发电，为了克服这一缺点，可配备少量蓄电池来保证不能断电的设备在无风期内从蓄电池获得电能。同时为保证独立运行的离网风电机组能连续可靠地供电，解决风力发电受自然条件限制的影响，风电机组还可与其他动力源联合使用，常用的方式有风力—柴油发电联合运行、风力—太阳电池发电联合运行等。

2. 并网运行方式

并网运行方式，就是风电机组与电网连接，由电网输送电能的方式。这种方式是克服风的随机性而带来的蓄能问题的最稳妥易行的运行方式，同时可达到节约燃料的目的。10kW 以上直至兆瓦级的风电机组皆可采用这种运行方式。并网运行又可分为恒速恒频方式和变速恒频方式两种不同的方式。风电场是目前世界上风力发电并网运行方式的基本形式，即在风能资源良好的地区，将几十台、几百台甚至几千台单机容量从数十千瓦、数百千瓦直至兆瓦级以上的风电机组按一定的阵列布局方式成群安装而组成的风力发电机群，有利于风能的充分、高效率利用。

4.4 风力发电未来前景

风力发电被视为可再生能源中发展潜力最大的能源之一，其发展已经成为全球能源转型的重要组成部分。在过去的几十年中，风力发电行业已经取得了巨大的发展，并成为全球能源供应的重要来源之一。然而，随着环境问题和能源安全等挑战的不断加剧，风力发电行业仍面临许多挑战和机遇。

4.4.1 技术趋势

在风力发电行业的未来发展中，技术将起到关键的作用。随着技术的不断进步，风力发电设备的效率和可靠性将得到显著提高，成本将进一步降低。未来，风力发电技术的主要趋势有大型化、海上风力发电、新型风力发电技术、智能化和数字化。

1. 大型化

风电机组的规模越来越大，风轮的直径、塔筒高度和功率都在不断增加。大型风电机组可以利用更高的风速和更高效的发电机产生更多的电能，进一步降低单位发电成本。

2. 海上风力发电

随着陆上资源的逐渐枯竭，海上风力发电被认为是未来风电发展的重要方向。海上风力发电能够利用更强劲和稳定的风能资源，并且减少了土地使用和环境影响等问题，但是海洋环境的复杂和设备运维成本高也是海上风电发展面临的挑战。

3. 新型风力发电技术

除了传统的水平轴风电机组外，垂直轴风电机组，风能悬浮发电机组等新型技术也在不断发展。这些新技术可以改善风电机组的性能，进一步提高其发电效率。

4. 智能化和数字化

随着物联网和人工智能等技术的快速发展，风力发电设备和系统的智能化和数字化程度将会进一步提高。通过实时监测和大数据分析等技术，可以提高风电机组的维护和运营效率，降低运维成本。

4.4.2　市场趋势

风力发电是一项庞大的产业，需要较长的时间来发展和成熟。在未来几年中，风力发电市场将呈现全球化、竞争和合作、新兴市场和发展中国家以及逆向趋势等。

1. 全球化

随着全球对可再生能源的需求不断增长，风力发电市场将在全球范围内迅速扩张。发达国家和新兴经济体都将成为风力发电的重要市场，并通过政策支持和市场导向等手段推动风电产业的发展。

2. 竞争和合作

随着风电行业的进一步发展，企业之间的竞争将日益激烈。同时，合作也成为必然趋势。企业之间可以通过合作共享技术、市场和资源，降低成本，提高效率。

3. 新兴市场和发展中国家

随着全球对新能源的需求不断增加，新兴市场和发展中国家将成为未来风力发电的重要市场。这些地区拥有丰富的风能资源，但同样面临着技术、资金和政策等方面的挑战。

4. 逆向趋势

尽管风力发电市场前景看好，但也存在一些不确定因素和逆向趋势。例如，全球经济的不稳定、政策不确定性、能源价格波动等都可能影响风力发电市场的发展。

4.4.3　政策趋势

政策支持是推动风力发电产业发展的重要手段。在未来，政策将继续发挥重要作用。

1. 可再生能源配额制度

越来越多的国家和地区将采取可再生能源配额制度，即通过增加可再生能源的比例要求，促进风力发电等可再生能源的发展。

2. 补贴和优惠政策

为了鼓励风力发电的发展，许多国家和地区将继续提供补贴和优惠政策，包括税收减免、补偿价格和补贴等。

3. 减少燃煤发电并推动新能源转型

随着环境问题的不断加剧，许多国家都将减少燃煤发电，并逐渐转向新能源，其中风力发电将是重要的替代能源。

4. 加强国际合作

风力发电是全球性的产业，国际合作对于推动其发展至关重要。各国政府将加强多边合作和国际交流，分享经验和资源，共同应对全球能源和环境挑战。

4.4.4 挑战与机遇

风力发电行业在发展过程中面临许多挑战，但同时也带来了巨大的机遇。

1. 能源存储技术

风力发电的可变性和间歇性是制约其发展的一大问题。因此，能源存储技术被视为解决这个问题的关键。随着技术的进步，能源存储技术将逐渐成熟，为风力发电提供更加稳定和可靠的能源供应。

2. 经济性和可行性

尽管风力发电的成本在不断降低，但其总体经济性和可行性仍然是一个重要的问题。未来的发展需要进一步降低单位发电成本，并提高风力发电的竞争力。

3. 环境和社会影响

风力发电设备的安装和运营可能对环境和社会造成一定的影响，包括视觉影响、生态影响和社会冲突等。在未来发展中，需要更加关注环境和社会可持续性，并采取相应的措施加以解决。

4. 技术和产业创新

为了满足不断增长的能源需求和新的挑战，风力发电行业需要不断进行技术和产业创新，包括开发新型风力发电技术、提高设备的可靠性和效率，以及改进风电项目的开发和运营模式。

总之，风力发电产业在未来将继续迎来巨大的发展机遇，但也面临着一系列的挑战和难题。通过技术创新、市场开拓和政策支持等多方面的努力，风力发电行业有望成为全球能源转型的重要力量，为可持续发展做出重要贡献。

4.5 风力发电技术实习指导

4.5.1 实习目的

1. 熟悉风力发电技术。
2. 了解风力发电系统构成。

4.5.2 实习内容

1. 风力发电系统构成。
2. 风电机组运行技术。

4.5.3　实习步骤

　　1. 教师讲授，学生认知。
　　2. 分组讨论，提高认识。

4.5.4　实习结果

　　1. 通过实习对风电技术有更深层次的认识。
　　2. 提高了学习动力，对未来风电技术工作前景充满信心。

4.5.5　撰写实习报告

第5章 生物质能利用技术

5.1 生物质能概述

5.1.1 生物质能的定义与特点

5.1.1.1 生物质能的定义

生物质是指通过光合作用而形成的各种有机体，包括所有的动植物和微生物。生物质能，就是太阳能以化学能形式储存在生物质中的能量形式，即以生物质为载体的能量。它直接或间接地来源于绿色植物的光合作用，可转化为常规的固态、液态和气态燃料，取之不尽、用之不竭，是一种可再生能源，同时也是唯一一种可再生的碳源。生物质能的原始能量来源于太阳，所以从广义上讲，生物质能是太阳能的一种表现形式。目前，很多国家都在积极研究和开发利用生物质能。生物质能蕴藏在植物、动物和微生物等可以生长的有机物中。地球上的生物质能资源较为丰富，地球每年经光合作用产生的物质有1730亿 t，其中蕴含的能量相当于全世界能源消耗总量的10~20倍，但目前的利用率不到3%。

有机物中除矿物燃料以外的所有来源于动植物的能源物质均属于生物质能，依据来源的不同，可以将适合于能源利用的生物质分为林业生物质资源、农业生物质资源、生活污水和工业有机废水、城市固体废物和畜禽粪便等五大类。

1. 林业生物质资源

林业生物质资源是指森林生长和林业生产过程提供的生物质能源，包括：薪炭林、在森林抚育和间伐作业中的零散木材、残留的树枝、树叶和木屑等；木材采运和加工过程中的枝丫、锯末、木屑、梢头、板皮和截头等；林业副产品的废弃物，如果壳和果核等。

2. 农业生物质资源

农业生物质资源包括：农业作物（包括能源作物）；农业生产过程中的废弃物，如农作物收获时残留在农田内的农作物秸秆（玉米秸、高粱秸、麦秸、稻草、豆秸和棉秆等）；农业加工业的废弃物，如农业生产过程中剩余的稻壳等。能源作物泛指各种用以提供能源的植物，通常包括草本能源作物、油料作物、制取碳氢化合物的植物和水生植物等。

3. 生活污水和工业有机废水

生活污水和工业有机废水，包括：生活污水主要由城镇居民生活、商业和服务业的各种排水组成，如冷却水、洗浴排水、盥洗排水、洗衣排水、厨房排水、粪便污水等；工业有机废水主要是酒精、酿酒、制糖、食品、制药、造纸及屠宰等行业生产过程中排出的废水等，其中都富含有机物。

4. 城市固体废物

城市固体废物主要是由城镇居民生活垃圾，商业、服务业垃圾和少量建筑业垃圾等固体废物构成。其组成成分比较复杂，受当地居民的平均生活水平、能源消费结构、城镇建设、自然条件、传统习惯以及季节变化等因素影响。

5. 畜禽粪便

畜禽粪便是畜禽排泄物的总称，是其他形态生物质（主要是粮食、农作物秸秆和牧草等）的转化形式，包括畜禽排出的粪便、尿及其与垫草的混合物。

5.1.1.2　生物质能的特点

生物质能是指从植物、动物等生物体中提取的能量，是一种可再生能源。具有可再生性、环保性、多样性和可利用性等特点。

1. 可再生性

生物质能来自植物、动物等生物体，是一种可再生能源。相比于化石能源，生物质能的可再生性更强，可以不断地进行生产和利用。

2. 环保性

生物质能的燃烧过程中，产生的二氧化碳等温室气体可以被植物吸收，形成一个循环。因此，生物质能的使用对环境的影响较小，不会像化石能源一样对环境造成严重的污染。

3. 多样性

生物质能可以来自各种植物、动物等生物体，因此具有很强的多样性。不同的生物体可以提供不同种类的生物质能，可以根据不同的需求进行选择和利用。

4. 可利用性

生物质能可以通过多种方式进行利用，如燃烧、发酵、压缩等。同时，生物质能还可以用于生产生物燃料、生物化学品等，具有广泛的应用前景。

在生物质能的利用方面，可以分为两个方面：一是生物质能的直接利用，如燃烧、发酵等；二是生物质能的间接利用，如生产生物燃料、生物化学品等。在直接利用方面，生物质能可以用于发电、供暖、热水等，替代传统的化石能源，减少对环境的影响。在间接利用方面，生物质能可以用于生产生物柴油、生物乙醇等，替代传统的石油、天然气等化石燃料，具有很大的经济和环境效益。

生物质能具有可再生性、环保性、多样性和可利用性等特点，是一种非常有前途的能源。在未来的发展中，应该进一步加强生物质能的研究和开发，推广其应用，以实现可持续发展的目标。

5.1.2 生物质能的开发利用与发展状况

5.1.2.1 生物质能利用背景

近年来，石油价格上涨和全球气候变化的影响，可再生能源开发利用日益受到国际社会的重视。其中，生物质能作为目前可直接利用、能较大规模生产并替代运输燃料的能源产品之一，已成为可再生能源发展的重点。但是，一些地方出现的一哄而上发展生物质能的倾向令人担忧。因此，对发展生物质能进行全面、客观地评估，显得尤为重要。

生物质能相比其他能源有以下优势：

(1) 生物燃料是能大规模替代石油燃料的能源产品之一，而水能、风能、太阳能、核能及其他新能源在发电和供热方面较成熟。

(2) 生物燃料具备产品上的"多样性"。能源产品有液态的生物乙醇和柴油、固态的原型和成型燃料、气态的沼气等多种，既可以替代石油、煤炭和天然气，也可以供热和发电。

(3) 生物燃料具备原料上的"多样性"。生物燃料可以利用作物秸秆、林业加工剩余物、畜禽粪便、食品加工业的有机废水废渣、城市垃圾，还可利用低质土地种植各种各样的能源植物。

(4) 生物燃料的"物质性"。可以像石油和煤炭那样生产塑料、纤维等各种材料以及化工原料等物质性的产品，形成庞大的生物化工生产体系。这是其他可再生能源和新能源不可能做到的。

(5) 生物燃料的"可循环性"和"环保性"。生物燃料是在农林和城乡有机废弃物的无害化和资源化过程中生产出来的产品；生物燃料的全部生命物质均能进入地球的生物学循环，连释放的二氧化碳也会重新被植物吸收而参与地球的循环，做到零排放。物质上的永续性、资源上的可循环性是一种现代的先进生产模式。

(6) 生物燃料的"带动性"。生物燃料可以拓展农业生产领域，带动农村经济发展，增加农民收入；还能促进制造业、建筑业、汽车等行业发展。

(7) 生物燃料具有对原油价格的"抑制性"。生物燃料将使"原油"生产国从目前的 20 个增加到 200 个，通过自主生产燃料，抑制进口石油价格，并减少进口石油花费，使更多的资金能用于改善人民生活，从根本上解决粮食危机。

(8) 生物燃料可以创造就业机会和建立内需市场。巴西的经验表明，在石化行业 1 个就业岗位，可以在乙醇行业创造 152 个就业岗位；石化行业产生 1 个就业岗位的投资是 22 万美元，燃料行业仅为 1.1 万美元。联合国环境计划署发布的绿色职业报告中指出，到 2030 年可再生能源产业将创造 2040 万个就业机会，其中生物燃料占 1200 万个。

因此，人类走向以生物质能开发利用为标志的可再生能源时代，意义十分重大。能大量利用农村的土地，提高农民收入。直接增加能源供给，改善大气环境，使二氧化碳的排放与吸收形成良性循环，缓解二氧化碳排放的压力。当前生物质能的主要形式有沼气，生物制氢，生物柴油和燃料乙醇。沼气是微生物发酵秸秆、禽畜粪便等有机物产生的混合气体,主要成分是可燃的甲烷;生物氢可以通过微生物发酵得到,由于燃烧生成水,因此氢气常被称为最洁净的能源;生物柴油是利用生物酶将植物油或其他油脂分解后得到的液体燃料,作为柴油的替代品更加环保;燃料乙醇是植物发酵时产生的酒精,能以一定比例掺入汽油,使排放的尾气更清洁。虽然现在的主要能源还是化石能源,但是生物质能的前途无量。虽然生物质能的开发利用处于起步阶段,在整个能源结构中所占的比例还很小,但是其发展潜力不可估量。以我国为例,目前全国农村每年有 7 亿 t 秸秆,可转化为 1 亿 t 酒精;南方有大量沼泽地,可以种植油料作物,发展生物柴油产业;还有禽畜粪便、森林加工剩余物等。

5.1.2.2   生物质能开发利用的必要性

1. 缓解能源、环境危机的必然选择

煤、石油、天然气等矿物燃料是工业社会的核心能源,但它们是不可再生能源,储藏量有限。随着人类经济社会的飞速发展,能源消耗的速度越来越快,尤其是矿物燃料消费的不断增加,导致了对它们的过度开采,使得价格日益上涨并渐趋枯竭;同时,高强度的利用使多余的能量和碳素大量释放,打破了自然界的能量和碳平衡,造成臭氧层破坏、全球气候变暖、酸雨等灾难性后果,引起了国际社会的极大忧虑。如果没有新的能源来取代传统能源在能源结构中的主导地位,21 世纪将面临严重的、灾难性的能源和环境危机。

为缓解双重危机,人们把视线聚焦到可再生能源上。太阳能、风能、水能等虽然是可再生能源,但不能进行物质生产,而生物质既能贡献能量,又能像煤炭和石油那样生产出千百种化工产品。如燃料乙醇与车用普通汽油相比,一氧化碳的排放可降低 7%,碳氢化合物可减少 48%;生物柴油富含氧,与普通柴油混合使用,可使燃烧更加充分。据检测,生物柴油无毒,能进行生物降解,添加 20% 的生物柴油,可减少排放二氧化硫 70%,降低空气毒性 90%;使用生物塑料能解决白色污染问题。同时生物质能以作物秸秆、畜禽粪便、农林废弃物、城市有机垃圾等为原料,使之无害化和资源化,将植物蓄存的光能与物质资源深度开发和循环利用,符合发展循环经济的理念。因此,生物质能既能满足缓解能源危机的需要,又符合保护环境、实现可持续发展的要求,是我国进行可再生能源开发利用的必然选择之一。

2. 保障国家安全的现实需要

能源安全已经成为国家安全不可分割的重要组成部分,能源问题直接关系到我国经济的快速增长以及社会的可持续发展与稳定。随着能源危机的逐步扩大,各国对本国常规能源资源的保护和对国外能源市场的争夺日益升级,极不利于世界的和平与稳定。

相比之下,生物质能则是能生产出其他能源的最安全、最稳定的能源。目前,许多国家,尤其是发达国家,都在致力于开发高效、无污染的生物利用技术,为实现国家经济的可持续发展提供根本保障。我国在生物质能发展方面也作出了积极部署。2021 年,国家发展改革委印发《"十四五"生物经济发展规划》(发改高技

〔2021〕1850号）。该规划中把生物能源纳入国家生物经济发展战略统筹考虑。提出要积极开发生物能源，新技术新模式先行先试，明确了"十四五"时期要建设一批生物能源环保产业示范工程。通过试验示范探索构建适应生物能源发展的前瞻性制度框架和政策实施体系。从这些意义上说，发展生物能源无疑是保障国家能源安全、国防安全和经济安全的大战略。

3. 解决"三农"问题的良好途径

"三农"问题是我国经济发展的根本性问题，对它解决的质量将直接影响着我国经济社会发展的全局。生物质能产业利用我国丰富的农林废弃物和非农田为原料和基地，生产出市场前景广阔、环境友好和高附加值的能源及生物化工产品，既帮助解决中国部分农村剩余劳动力的就业问题，又能够实现农业和农民增收，是解决"三农"问题的一条有效途径。据推算，只要利用中国50%的低质地生产能源作物，发展生物能源，就可以实现年产值约1万亿元，加上秸秆、畜禽粪便等，生物产业就可以催生1000个生物能源企业，带动500万农户，促进5000万农业劳动力转移，实现农民增收400亿元。同时，生物能源如沼气等还能为农民提供价廉、清洁的燃料，使4000万农户生活用能效率提高2～3倍。除此之外，发展生物产业还能有效降低秸秆露天燃烧、畜禽粪便污染、石油基地膜等对环境的污染。

5.1.2.3 生物质能利用现状

1. 成型燃料生产及应用

欧洲以及其他大部分地区生产成型燃料主要以木质生物质为原料。目前大部分用于各种小型热水锅炉、热风炉、家庭取暖炉或壁炉，部分用于小型社区热电联供电站，满足居民供暖需求。我国计划提高农村可再生能源利用率，其中利用生物质成型燃料为农村、小城镇住户提供炊事和采暖能源，将是一个重要的途径。

生物质固体颗粒燃料除通过专门运输工具定点供应给发电厂和供热企业以外，还以袋装的方式在市场上销售，已经成为许多家庭首选的生活燃料。近几年，随着国家对生物质颗粒鼓励政策的支持，生物质颗粒产量缓慢回升。2022年我国生物质颗粒产量为767万t，国内市场生物质颗粒需求量为765.2万t出口量为1.83万t，同比增长9.34%。近年来，随着环保压力的不断加大以及不可再生能源的不断消耗，环境友好的生物质颗粒成为未来能源产业的重点发展领域之一。中国生物质颗粒的生产主要满足国内市场的消费以及小部分出口。

2. 生物燃气生产及应用

生物燃气是指从生物质转化而来的燃气，包括沼气、合成气和氢气。目前沼气具有较大的成本优势，所以生物燃气经常特指沼气。我国作为世界上沼气技术利用最广泛的国家，沼气技术国际合作已成为我国农业"走出去"的一部分，经过政府、企业等多方不懈努力，在我国农业对外援助方面扮演着日益重要的角色。沼气工程的进一步推广，使其在我国社会经济发展过程中发挥出更大的能源、环保效益。以新疆沙湾县庆华拓洋沼气发电厂为例，它采用先进的双级、多级发电系统技术，发电功率可达321MW，最大耗费比达471%，可大大提高发电效率，降低发电成本。另外，沼气发电技术的发展还带动了许多相关行业的发展，如沼气储存技术。沼气收集技术、沼气发电总体建设技术，都有利于沼气发电技术的发展和应用，以及沼气发电技术设备市场的形成。图 5.1 为利用污水处理产生的沼气建造沼气发电示范工程。

图 5.1　利用污水处理产生的沼气建造沼气发电示范工程

我国生物质能资源丰富，可用于制取生物燃气的资源品种繁多，包括作物秸秆、畜禽粪便、林业废弃物等。据统计，我国每年可用于生产生物燃气的资源总量约折合 7 亿 t 标准煤。若考虑技术可行性和市场竞争能力，目前，可利用的资源量约为 2.5 亿 t 标准煤，可生产沼气量为 1990 亿 m^3，约折合天然气 1200 亿 m^3。

近年来，我国生物燃气产业取得较大进展，生物燃气产量已达 150 亿 m^3/年，实现二氧化碳减排 765 万 t，大中型生物燃气工程 4000 多个。但总的来看，我国处理农业有机废弃物的沼气工程由于相对规模小，又远离城镇，产生的沼气仅有少量用于发电和集中供气（沼气发电用气量约占总产气量的 2.53%，集中供气约占总产气量的 1%），大量的沼气用于养殖场自身的生产、生活燃料。农业沼气工程平均池容只有 283m^3，池容在 1000m^3 以上的大型沼气工程仅占 9% 左右，沼气技术和产业的发展急需转型升级。

3. 生物质气化发电及燃气应用

生物质气化发电及燃气应用是具有我国特色的生物质能分布式利用方式。基于生物质热解气化技术，我国开发出生物质热解气化集中供气系统，以满足农村居民炊事和采暖用气，相关技术已得到初步应用。其中，利用生物质热解炭化技术建设生物质炭、气、油多联产系统，为农村居民提供生活燃气，同时生产生物质炭和生物焦油，取得了较好的经济效益、社会效益，在湖北、安徽和河南等省得到初步推广，具有较好的发展前景。在生物质气化发电方面，我国目前已开发出多种以木屑、稻壳、秸秆等生物质为原料的固定床和流化床气化炉，成功研制了从 10～400kW 的不同规格的气化发电装置，出口到泰国、缅甸、老挝等，是国际上中小型生物质气化发电应用最多的国家之一。

我国生物质气化技术近年有了长足的发展。气化炉的形式从传统上吸式、下吸式发展到先进的快速流化床和双床系统等，应用上除了传统的供热之外，在农村家庭供气和气化发电上也取得了重大突破（图 5.2）。

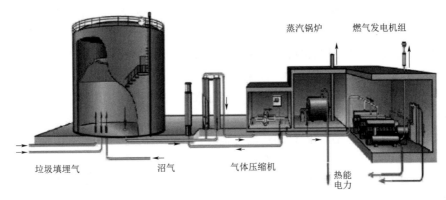

图 5.2 生物质热解气化发电技术

生物质能的高效转换技术不仅能够大大加快村镇居民实现能源现代化进程，满足农民富裕后对优质能源的迫切需求，同时也可在乡镇企业等生产领域中得到应用。由于我国地广人多，常规能源不可能完全满足广大农村日益增长的需求，而且由于国际上各种有关环境问题的公约，限制二氧化碳等温室气体排放，这就要求改变以煤炭为主要能源的传统格局。因此，立足于农村现有的生物质资源，研究新型转换技术、开发新型装备既是农村发展的迫切需要，又是减少排放、保护环境、实施可持续发展战略的需要。

5.1.2.4 生物质能可以转化的能源形式

1. 直接燃烧获取热能

这是生物质能最古老、最直接的利用形式，燃烧就是有机物氧化的过程，其发热量与生物质的种类以及氧气的供应量有关，一般直接燃烧的转换效率很低。

2. 沼气

沼气是有机物质在厌氧条件下，经过微生物发酵生成以甲烷为主的可燃气体。沼气的主要成分是甲烷（55%～70%）、二氧化碳（30%～45%）和极少量的硫化氢、氨气、氢气、水蒸气等。沼气经过脱硫以及其他的清洁处理后可以作为可燃气体直接燃烧而获得热能，燃烧效率比较高。

3. 乙醇

植物纤维素经过一定工艺的加工并发酵可以制取乙醇。乙醇的热值很高，可以直接燃烧，是十分清洁的能源燃料。

4. 甲醇

和乙醇类似，甲醇是通过把植物纤维素经过一定工艺制取得到。甲醇的燃烧效率较高，也是清洁的燃料。

5. 生物质气化产生的可燃气体及裂解产品

可燃性生物质如木材、秸秆、谷壳、果壳等，在高温条件下经过干燥、干燥烧解、氧化还原等过程后可产生可燃混合气体。主要成分有可燃气体如甲烷、氢气、一氧化碳等以及不可燃气体二氧化碳、水蒸气等，另外还有大量焦油。

5.1.2.5 生物质能的实用转化技术

利用物理、化学以及生物技术，把生物质转化为液体、气体或固体形式的各种燃料，属于生物质能的转化技术。目前研究开发的转化技术主要有物理干涉、热裂解法、生物发酵，包括利用干燥技术制取木炭、秸秆气化制取燃气、生物发酵制取乙醇、生物质直接液化制取燃料油、干湿法厌氧消化制取沼气等。

1. 生物质压缩成型和固体燃料制取技术

采用生物质干燥法制取木炭。生物质经过粉碎，在一定的压力、温度和湿度条件下挤压成型，成为固体燃料，具有挥发性高、热值高、易着火燃烧、灰分和硫分低、燃烧污染物少以及便于储存和运输等优点，可以取代煤炭。

具有一定粒度的生物质原料，在一定压力作用下（加热或不加热）可以制成棒状、粒状、块状等各种成型燃料。原料经挤压成型后，能量密度与中质煤相当，燃烧特性明显改善，火力持久，黑烟小，炉膛温度高，便于运输和储存。

利用生物质炭化炉可以将成型生物质固形物块进一步炭化，生产生物炭。由于在隔绝空气条件下，生物质被高温分解，生成燃气、焦油和炭，其中的燃气和焦油又从炭化炉释放出去，所以最后得到的生物炭燃烧效果显著改善，烟气中的污染物含量明显降低，是一种高品位的民用燃料。优质的生物炭还可以用于冶金工业。

2. 生物质气化技术

生物质经过热裂解装置或气化炉的一系列反应后，生成可燃气体。生物质气化即通过化学方法将固体的生物质能转化为气体燃料。气体燃料具有高效、清洁、方便等特点，因此生物质气化技术的研究和开发得到了国内外广泛重视，并取得了可喜的进展。

我国已经将农林固体废弃物转化为可燃气的技术应用于集中供气、供热、发电等方面。开发出如集中供热、供气的上吸式气化炉，最大生产能力达 $6.3 \times 10^6 kJ/h$，建成了用枝材削片处理并气化制取民用煤气供居民使用的气化系统；还研究开发了以稻草、麦草为原料，应用内循环流化床气化技术，产生接近中热值的煤气，供乡镇居民集中供气系统使用的系统，该系统的气体热值约 $3000 kJ/m^3$，气化热效率达 70％以上；下吸式气化炉主要用于秸秆等农业废弃物的气化，在农村居民集中居住地区得到较好的推广应用，并形成产业化规模；另外以木屑和木粉为原料，应用外循环流化床气化技术，制取木煤气作为干燥热源并发电，其发电能力可达 180kW。

3. 生物质热裂解液化制取生物油技术

生物柴油于 1988 年诞生，由德国聂尔公司发明，它是以菜籽油等为原料提炼而成的洁净燃油。生物柴油具有突出的环保性和可再生性，受到世界各国尤其是资源贫乏国家的高度重视。生物柴油是清洁的可再生能源，它以大豆和油菜籽等油料作物、油棕和黄连木等油料林木果实、工程微藻等油料水生植物以及动物油脂、废餐饮油等为原料制成的液体燃料，是优质的石油、柴油替代用品。

4. 干湿法厌氧消化制取沼气技术

采用干湿法厌氧消化的方式制取沼气，并以沼气利用技术为核心的综合利用技术是具有中国特色的生物质能利用模式，典型的模式有"四位一体"模式，"能源环境工程"技术等。所谓"四位一体"，就是一种综合利用太阳能和生物质能发展农村经济的模式，在温室的一端建地下沼气池，沼气池上方建猪舍、厕所，在一个系统内既提供能源，又生产优质农产品，沼气池、猪舍、农产品、能源等四位合体温室沼气池。"能源环境工程"技术是在大中型沼气工程基础上发展起来的多功能、多效益的综合工程技术，既能有效解决规模化养殖场的粪便或城市污水污染问题，又有良好的能源、经济和社会效益。其特点是粪便或含有机物的城市污水经固液分离后液体部分进行厌氧发酵产生沼气，厌氧消化液和渣经处理后成为商品化的肥料或饲料。

5.1.2.6 生物质能转化技术的应用前景

结合国外生物质能利用技术的研究开发现状，以及我国的生物质能转化技术水平和实际情况，我国生物质能应用技术应包括多方面的发展。

1. 高效直接燃烧技术和设备

我国有14亿多人口，绝大多数居住在广大的乡村和小城镇，其生活用能的主要方式仍然是直接燃烧。剩余秸秆、稻草物料是农村居民的主要能源，开发研究高效的燃烧炉，提高使用热效率，是生物质能转化技术在农村应用的重要问题。乡镇企业的快速兴起，不仅带动农村经济的发展，而且加速化石能源，尤其是煤的消费，因此开发改造乡镇企业用煤设备（如锅炉等），用生物质替代燃煤，可以缓解我国日益严重的能源供应问题。可把松散的农林剩余物进行粉碎分级处理后，加工成型为定型的燃料，并结合专用技术和设备的开发，促进家庭取暖用的颗粒成型燃料的推广应用，推动生物质成型燃料的研究与开发。

2. 薪材集约化综合开发利用

生物质能尤其是薪材不仅是很好的能源，而且可以用来制造出木炭、活性炭、木醋液等化工原料。大量速生薪炭林基地的建设，为工业化综合利用木质能源提供了丰富的原料。由于我国经济不断发展，促进了农村分散居民逐步向城镇集中，为集中供气、提高用能效率提供了现实的可能性。根据集中居住人口的多少，建立能源工厂，把生物质能进行化学转换，产生的气体收集净化后，输送到居民家中作燃料，可提高使用热效率和居民生活水平。这种生物质能的集约化综合开发利用，既可以解决居民用能问题，又可通过工厂的化工产品创造良好的经济效益，也为农村剩余劳动力提供就业机会。农村有着丰富的秸秆资源，大量秸秆被废弃和在田间直接燃烧，既造成生物质能大量的浪费，也给大气带来了严重的污染。研究开发和利用可再生的生物质能高效转化技术，可以大大解决由此引发的环境问题。

3. 生物质能的液化、气化等新技术开发利用

生物质能新技术的研究开发，如生物技术高效、低成本转化应用研究，常压快速液化制取液化油，催化化学转化技术的研究，以及生物质能转化设备，如流化技术等是研究重点。生物质能的液化技术是指利用生物发酵技术及水解技术，在一定条件下，将生物质加工成乙醇或甲醇等可燃液体；或将生物质经粉碎预处理后，在反应设备中添加催化剂，经化学反应转化成液化油。生物质气化是生物质燃料在缺氧状态下燃烧和还原反应的能量转换过程，它可以将固体生物质原料转换成使用方便而且清洁的可燃气体。生物质由碳、氢、氧等元素和灰分组成，当它们在只有少量空气的条件下被点燃时，通过控制其反应过程，可使碳、氢元素变成由一氧化碳、氢气、甲烷等组成的可燃气体，秸秆中大部分能量都转移到气体中，这就是气化过程。去除可燃气体中的灰分、焦油等杂质，就可以送入供气系统。

4. 城市生活垃圾的开发利用

生活垃圾数量以每年 8%～10% 的速度快速递增，工业化开发利用垃圾发电，焚烧集中供热或气化生产煤气供居民使用，不仅可以提供大量能源，而且在一定程度上创建了城市良好的可再生环境，解决城市环境保护问题。

5. 能源植物的开发

能源植物也称"绿色石油"，如油棕榈、黄连木、木戟科植物等，是生物质能丰富且优质的资源。能源植物经过热裂解或一定的化学反应，可以制取生物油。

5.1.2.7 我国生物质能利用与国外的差距

虽然我国在生物质能开发方面取得了巨大成绩，但应该清醒地认识到，我国的生物质能发展水平与发达国家相比仍存在一定差距。

1. 技术单一、开发不力

我国早期的生物质能利用主要集中在沼气开发上，近年逐渐重视热解气化技术的开发应用，也取得了一定突破，但其他技术进展缓慢，包括生产酒精、热解液化、直接燃烧的工业技术和速生林的培育等。

2. 标准欠缺、管理混乱

在秸秆气化供气与沼气工程开发上，没有明确的技术标准和严格的技术监督，很多不具备技术力量的单位和个人参与了沼气工程承包和秸秆气化供气设备的生产，造成项目技术不过关，达不到预期目标，甚至带来安全问题，给后续开展生物质能利用工作带来了很大的负面影响。

3. 规模小、效益低

由于资源分散，收集手段落后，我国的生物能源工程的规模很小，大部分工程采用简单工艺和简陋设备，设备利用率低，转换效率低下，造成投资回报率低，难以形成规模效益。

4. 投入少、效果差

相对科研内容来说，投入过少，使得研究的技术含量低，低水平重复研究较多，未能有效解决一些关键技术，如厌氧消化产气率低，辅助设备配套性差，设备与管理自动化程度较差；气化利用中焦油问题没有彻底解决，给长期应用带来严重问题；沼气发电与气化发电效率较低，相应的二次污染问题没有解决，导致许多工程系统常处于维修或故障状态，降低了系统运行强度和效率；生物液化方面虽然有一定研究，但技术仍比较落后。

5.1.2.8 生物质能的开发前景

1. 生物质资源丰富

我国生物质资源开发利用潜力大，现有森林、草原和耕地面积 41.4 亿 hm^2，理论上年产生物质资源可达 650 亿 t 以上（在每平方公里土地上，植物经过光合作用而产生的有机碳量，每年约为 158t）。以平均热值为 15000kJ/kg 计算，折合理论资源量为 33 亿 t 标准煤，相当于我国目前年总能耗的 3 倍以上。目前实际可以作为能源利用的生物主要包括秸秆、薪柴、禽畜粪便、生活垃圾和有机废渣废水等。

据调查，目前我国秸秆资源量已超过 7.2 亿 t，折合约 3.6 亿 t 标准煤，除约 1.2 亿 t 作为饲料、造纸、纺织和建材等用途外，其余 6 亿 t 均可作为能源被利用。薪柴的来源主要为林业采伐、育林修剪和薪炭林，一项调查表明：我国年均薪柴产量约为 1.27 亿 t，折合标准煤约 0.74 亿 t；禽畜粪便资源约折合 1.3 亿 t 标准煤；城市垃圾资源可折合标准煤 1.2 亿 t 左右，并以每年 8%～10% 的速度增加。这些都是我国发展生物产业的稳定资源。此外，我国还有超过 1 亿 hm² 的边际性土地不宜垦为农田，但可种植高抗逆性能源植物，这对生物质产业而言是一笔宝贵的财富。

2. 市场需求旺盛

随着国民经济的发展和人们生活水平的提高，市场对于可再生能源的需求量将会越来越大，生物质能的市场前景十分诱人。

（1）国家对于能源的需求要求生物能源产业加快发展。以生物液体燃料乙醇和生物柴油为例：我国富煤、贫油、少气的资源禀赋决定了我国必须大力发展对环境影响小的现代煤化工技术与产业。我国燃料乙醇产业起步较晚，但发展迅速，燃料乙醇具有广阔前景。最初，我国的燃料乙醇生产用于消化陈化的玉米、小麦等粮食，其中主要以玉米为主，目前我国燃料乙醇的生产规模不断扩大，加上其他粮食深加工的迅速发展，我国燃料乙醇供需正在稳步增长。2022 年我国燃料乙醇产量约为 271 万 t，以 2020 年汽油产量的 10% 作为乙醇需求量来估计，理论上燃料乙醇需求量 1396 万 t，对应分子筛催化剂需求量在万吨量级。

（2）生态型经济社会发展需要生物能源。随着国家和社会对于生态环境保护的逐步重视，生态型能源也将会越来越受欢迎。如用燃料乙醇、生物柴油来替代或部分替代常规汽油或柴油，可大幅度减少汽车有害尾气排放量。面对越来越严重的白色污染，生物塑料有着广泛的市场需求。为改善农村的生产、生活环境，提高农民的生活质量，以作物秸秆、畜禽粪便、农林废弃物和环境污染物为原料，使之无害化和资源化，生产生物燃气等作为他们的生活能源，一举改变原来直接燃用秸秆薪柴烟熏火燎的炊事取暖局面。

（3）边远地区需要生物质能源。我国的边远、穷困地区多缺电、少能，但生物资源丰富，可以利用边际性土地生产能源作物，以它们为原料进行生物能源的开发，利用生物气化技术建设沼气工程等发电、产热、供能，满足边远地区广大农民的能量、燃料需要。

5.2 生物质能利用技术

5.2.1 生物质能利用方式

生物质种类繁多，每年农作物的秸秆就超过 6 亿 t，换算成标准煤为 2.15 亿 t。但是，目前对生物质的利用主要还是集中在采用直接燃烧的方式，这样的方式不但能源转化效率低，而且也会造成严重的大气污染。因此，探索新的高效生物质能利用技术、开发出高品位的优质能源势在必行，对应复杂种类的生物质也应有不同的转化方式对其进行合理利用。

生物质能的利用方式主要可归为生化转化、化学转化和直接燃烧三类。其中，生化转化包括发酵制沼气、水解发酵制乙醇等；化学转化包括生物质气化、生物质热解、高压液化、酯交换等。

1. 沼气发酵工艺

沼气是一种混合气体，其组成不仅取决于发酵原料的种类及其相对含量，而且随发酵条件及发酵阶段的不同而变化。沼气发酵的原料可以是农业剩余物（秸秆、杂草、树叶等），也可以是动物的粪便、水生植物、工业有机废水（酒糟、糖渣等）。当沼气池处于正常稳定发酵阶段时，沼气的体积组成大致为：甲烷（50%～70%），二氧化碳（30%～40%），此外还有少量的氧化碳、氢气、硫化氢、氧气和氮气等气体。

为了达到较高的沼气生产效率，沼气发酵过程就要最大限度地培养和积累沼气发酵微生物，而沼气发酵微生物都要求适宜的生存环境，对温度、pH 值等各种环境因素都有一定的要求。沼气工艺就是在满足这些条件下进行的，使得产气量最高。而该工艺往往会因为某一个因素没有控制到位，影响整个工艺的运转。一般较为适宜的环境为：无氧、温度控制在 30～60℃、pH 值在 6.8～7.4 之间等。图 5.3 为沼气发酵工艺流程图。

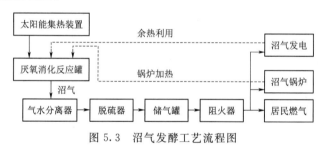

图 5.3　沼气发酵工艺流程图

沼气工艺非常适合以农业为主的地区，就地取材方便，资源也是年年不间断地供应，所产生的沼气可以用于当地的能源供应，缓解农村地区能源供应的不足。

2. 燃料乙醇技术

乙醇蒸汽与空气混合可以形成爆炸性气体，其爆炸极限为 4.3%～19.0%，利用这一点，乙醇可以作为内燃机的燃料使用。目前燃料乙醇的使用方法有两种：一种是以乙醇为汽油的"含氧添加剂"，无水乙醇占汽油的 10%（体积分数）；另一种是将无水乙醇部分或完全代替汽油作为内燃机燃料使用，当乙醇与汽油的混合比在 25% 以内时，不必对发动机做出调整也可以保持原有的动力。

目前燃料乙醇的主要原料为淀粉类、糖类、木质纤维素类生物质原料，单糖和二糖可以直接通过乙醇发酵菌种发酵转化成乙醇，而淀粉、纤维素、半纤维素需要通过预处理、水解等途径转化成单糖或者二糖后才可利用乙醇发酵菌种进行发酵。但是用淀粉类、糖类生物质生产燃料乙醇存在一个与人争粮、与田争地的问题，而纤维素类原料主要是一些秸秆、果壳、落叶等农林废弃物，所以采用纤维素类原料水解后转化成燃料乙醇是一个较好的选择。图5.4为玉米制作乙醇工艺流程。

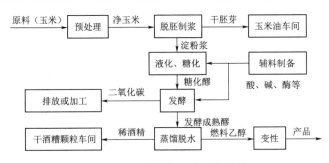

图5.4 玉米制作乙醇工艺流程

然而纤维素类生物质的水解却存在一个难题，纤维素水解无论在常温下还是在高温下速度都很慢，需要添加催化剂才能显著地进行。虽然半纤维素容易水解，但是植物中半纤维素与纤维素交织在一起，故只有当纤维素被水解时，半纤维素才能被水解完全。木质素作为纤维素外层的保护层，影响着纤维素的水解。

因此，木质纤维素发酵制乙醇首先要对原料进行切碎研磨，使原料的粒度尽可能地小，也可使用蒸汽爆破法预处理的方式提高酶可及性，再使用催化剂对木质纤维素进行水解。其中，水解采用的催化剂分为稀酸、浓酸和酶三种。稀酸水解的速度较快，一般在1%浓度的稀硫酸酶催化剂作用下，温度为215℃，停留时间3min时能得到50%～70%的糖产率；浓酸水解的时间较长，在酸固比为2时，硫酸浓度在30%～80%，反应时间为165min，水浴温度在95～120℃时，单糖收率最佳可达到90%以上；酶水解的时间较长，一般在1～2天，单糖产率可达95%。根据这些催化特性，有学者研发出酶酸联合水解来处理木质纤维素，酶解温度在50℃，pH值为4.8，水解时间为60h，水解率达到了91.71%。

3. 直接燃烧技术

生物质的直接燃烧是最简单的技术，理论上各种生物质都可以用于燃烧发电，燃烧所产生的气体温度在800～1000℃，但是实际上含有高水分的生物质并不适合直接燃烧。生物质相对于化石燃料具有含碳量低、含氧量高、挥发分多、含硫量低的特点。因此，生物质的热值并不高但是较易燃烧。将生物质与煤混合燃烧进行发电是一个较好的选择。

城市生活垃圾也属于生物质的一种，目前我国处理城市生活垃圾的主要手段是填埋，垃圾填埋对土壤、水环境、局部空气环境造成的影响非常大。垃圾焚烧发电的大力发展，将可燃性垃圾干燥、粉碎、压制成型后送入炉膛内燃烧转化为热能，再将热能转换为电能，这样不仅可以利用垃圾所含有的能量，更是将垃圾的污染进一步降低。

4. 生物质热解技术

生物质热解是指生物质在隔绝空气氛围下发生的不完全热降解，生成固体、液体、气体三相产物的过程。根据加热速率的不同，生物质热解工艺可分成慢速、中速、快速和闪速。慢速热解主要用来生成焦炭，中速的3种产物分布较为均衡，快速和闪速热解可以使有机高聚物迅速断裂成短链分子，使焦炭和气体降到最低限度从而获得最大限度的液体成分。

生物质热解后的焦炭可以用于加氢气化再次生产气体能源。热解气中含有 CO_2、CO、H_2、CH_4、C_2H_4、C_2H_6、C_3H_6、C_3H_8 等成分，乙烯、丙烯等可以提纯后作为工业原料使用，而其他气体可以作为燃料使用。热解液体中成分较为复杂，几乎包括了所有种类的含氧有机物，如醇、醚、酯、酚、酮、有机酸等。其中，生物质热解产生的焦油含氧量高、热值低、黏度大、不易分离，针对该特点有多个方向的解决方法。

（1）调整热解条件，尽可能少地产生重质焦油，将能量转移到热解气体和轻质焦油中。如有学者利用二段固定床对生物质热解进行探究，下段为热解区、上段为使用焦炭的催化裂化区，发现裂化的温度在 700℃ 下相比 300℃ 下的三相组成中，气体含量增加，轻质焦油增加，而重质焦油显著减少；裂化温度在 700℃ 时，使用焦炭作为催化裂化剂的相比无焦炭催化的三相组成中，气体含量显著增加，重质焦油几乎不存在了，轻质焦油有小幅减少。

（2）对已经产生的焦油进行精制和提纯，目前国内外的研究主要集中在加氢催化和催化裂解两方面，以降低焦油中的氧含量和改善焦油的组分。如有学者采用 MCM－41/SBA－15 两种分子筛对生物质热解油进行催化裂解实验，研究发现：MCM－41/SBA－15 能分别使木屑热解油中氧的质量分数从 46.59% 降低到 28.25% 和 29.15%，氧主要以水的形式脱除，并且催化裂解后，芳香类和极性类物质在热解油中的质量分数增加，而其他族的馏分均有不同程度的减少。图 5.5 为生物质热裂解技术。

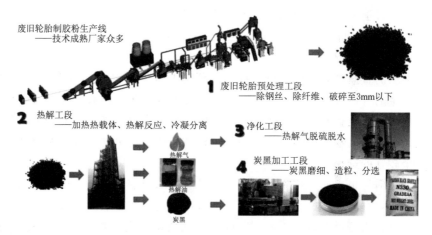

图 5.5　生物质热裂解技术

5. 生物质气化技术

生物质气化炉以生物质为原料，以氧气（空气）、水蒸气或氢气等作为气化剂，在高温条件下通过热化学反应将生物质转化为合成气。其合成气的主要成分为一氧化碳、氢气、甲烷，该气体可以直接作为燃气用作燃烧发电，也可以用来合成甲醇、二甲醚等化工基础原料，甚至可以通过 F－T 反应来合成油品。

生物质气化所用气化剂的选择会因合成气的用途而改变。若合成气是用来直接燃烧发电的，则可以使用空气作为气化剂，优点是气化成本低，虽然空气中所含有的79％的 N_2 会降低燃气的热值（约为 $5MJ/m^3$），达不到城市燃气的标准，但是就近燃烧发电还是可行的。若要用作城市燃气，则要使用纯氧作为气化剂，其热值可以达到 $15MJ/m^3$。

生物质气化技术（图5.6）不能像煤气化一样大型化的原因还是在于生物质原料分散、供应不固定、密度小等，无法大型化也就使得其单位热值的生产成本会增加很多，并不能在经济上体现出生物质能的优势。生物质气化炉温度也是一个重要的难点，温度低了，气化效率就低了，而提高气化温度，由于生物质灰熔点低，将使灰无法排出气化炉，这是未来要攻克的难题。

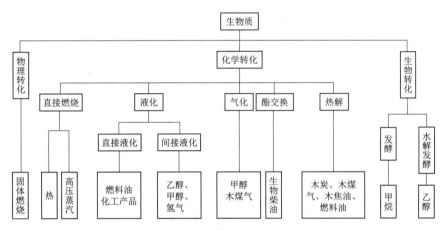

图5.6　生物质气化技术

6. 生物柴油技术

生物柴油以动物和植物油脂、微生物油脂为原料，与烷基醇通过酯交换反应和酯化反应生成长链脂肪酸单烷基酯。生物柴油的分子链长14～20个碳原子，石化柴油的链长约15个碳原子，两者性质相似。因此，生物柴油可以直接替代石化柴油或者以任意比例与石化柴油混合后应用于内燃机。生物柴油的来源非常广泛，国外制备生物柴油的原料主要来源于大豆、油菜籽、蓖麻籽等油脂性植物以及动物脂肪，而国内为了不与人争粮、不与粮争地，制备生物柴油的原料不可以从粮食下手，也不可以种植能源植物来大范围供应，所以从废弃食用油脂中取材是较为合适的，类似地沟油这类。

生物柴油的制备原理非常简单，就是通过甲醇这样的短链醇去置换出动植物油脂中的丙三醇，从而形成3个较小的单脂。但是该反应需要在催化剂下才能够进行，目前主要的制备方法有酸/碱催化法、超临界法、酶/细胞催化法等。

酸/碱催化法采用液体酸、碱作为催化剂，常压下40min左右就可完成，但是催化剂的回收利用困难，造成的污染也很大，目前正在研究固体酸、碱催化剂来克服液体催化剂的缺点。超临界法是通过高温高压使甲醇处于超临界状态，然后与油脂反应生产生物柴油，该反应非常快，只需几分钟即可，但是甲醇的需要量很大，目前也还未实现工业化。酶/细胞催化法在常温常压下就可以进行，但是反应时间需要 10h 左右。国内外应用最多的还是酸、碱两步催化工艺连续化生产。

5.2.2　生物质能发电技术

生物质能发电是利用生物质所具有的生物质能进行的发电，是可再生能源发电的一种，包括农林废弃物直接燃烧发电、农林废弃物气化发电、垃圾焚烧发电、垃圾填埋气发电、沼气发电、生物质直接液化制燃料油发电等，因而存在相应的生物质能发电技术。

生物质能发电主要是利用农业、林业和工业废料或垃圾为原料，采取直接燃烧或气化的方式发电。

5.2.2.1　生物质直接燃烧发电技术

生物质直接燃烧发电是指把生物质原料送入适合生物质燃烧的特定锅炉中直接燃烧，产生蒸汽带动蒸汽轮机及发电机发电（图 5.7）。已开发应用的生物质锅炉种类较多，如木材锅炉、甘蔗渣锅炉、稻壳锅炉、秸秆锅炉等。生物质直接燃烧发电的关键技术包括原料预处理，生物质锅炉防腐，提高生物质锅炉的多种原料适用性及燃烧效率、蒸汽轮机效率等技术。

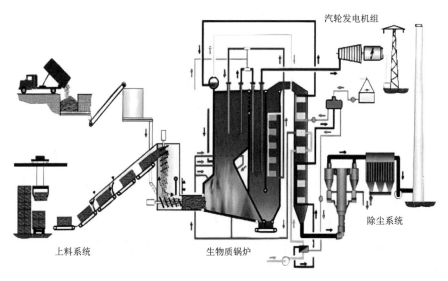

图 5.7　生物质直接燃烧发电系统

1. 技术类型

生物质直接燃烧发电技术又可分为单燃生物直燃技术和生物质与煤混合直燃技术。

（1）单燃生物直燃技术。在欧美发达国家主要燃烧的生物质是木本植物，我国由于特殊的国情，使得用于燃烧的物质基本局限于秸秆等草本类植物。秸秆等生物质与常规燃料的区别主要有以下几点：

1）秸秆的含水量较大，约为 20%，是常规燃料的 8～10 倍，因此在锅炉相同出力的情况下，其烟气量是常规燃料的 1.5～2 倍。

2）秸秆的堆积密度较小。在这类锅炉设计时，要考虑到燃烧室的体积大一些，使得燃料在炉内有足够的停留时间以完全燃尽。

3）其燃烧机理与煤不同，逸出挥发后的秸秆变黑成为暗红色焦炭粒子，未见明显的火焰，而且在炉膛高温火焰的辐射下缓慢地燃烧，燃尽时间也较长。

（2）生物质与煤混合直燃技术。生物质与煤有两种混合燃烧方式。

1）生物质直接与煤混合燃烧，产生蒸汽以带动蒸汽轮机发电。这时生物质要进行预处理，即生物质预先与煤混合后再经磨煤机粉碎，或生物质与煤分别计量、粉碎。生物质直接与煤混合燃烧要求较高，并非适用于所有燃煤电厂，而且生物质与煤直接混合燃烧可能会降低发电厂的效率。

2）将生物质在气化炉中气化产生的燃气与煤混合燃烧，产生蒸汽，带动蒸汽轮机发电。即在小型燃煤电厂的基础上增加一套生物质气化设备，将生物质燃气直接通到锅炉中燃烧。生物质燃气的温度为 800℃ 左右，无须净化和冷却，在锅炉内完全燃烧所需时间短。这种混合燃烧方式通用性较好，对原燃煤系统影响较小。

混合燃烧的技术优势为：①煤与生物质共燃，可以利用现役发电厂提供一种快速而低成本的生物质能发电技术，廉价且风险低。②煤粉燃烧发电效率高，可达 35％ 以上。③生物质燃料低硫低氮，在与煤粉共燃时可以降低发电厂中二氧化硫、一氧化氮及二氧化碳的排放。

2. 燃烧方式

生物质直接燃烧发电技术中的生物质燃烧方式包括固定床燃烧和流化床燃烧等方式。

（1）固定床燃烧对生物质原料的预处理要求较低，生物质经过简单处理甚至无需处理就可投入炉排炉内燃烧。固定床燃烧的燃料在固定或者移动的炉排上实现燃烧，空气从下方透过炉排供应上部的燃料，燃料处于相对静止的状态，燃料入炉后的燃烧时间可由炉排的移动或者振动来控制，以灰渣落入炉排下或者炉排后端的灰坑为结束。

（2）流化床燃烧要求将大块的生物质原料预先粉碎至易于流化的粒度，其燃烧效率和强度都比固定床高。

5.2.2.2　生物质气化发电技术

1. 原理与分类

生物质气化发电技术的基本原理是生物质在气化炉中气化生成可燃气体，经过净化后驱动内燃机或小型燃气轮机发电。根据燃气发电设备的不同，生物质气化发电可分为内燃机发电系统、燃气轮机发电系统及燃气—蒸汽联合循环发电系统（图 5.8）。

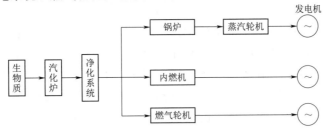

图 5.8　燃气—蒸汽联合循环发电系统

（1）内燃机发电系统以简单的燃气内燃机组为主，内燃机一般由柴油机或天然气机改造而成，可单独燃用低热值燃气，也可以燃气、油两用，它的特点是设备紧凑，系统简单，技术较成熟、可靠。

（2）燃气轮机发电系统采用低热值燃气轮机，燃气需增压，否则发电效率较低。由于燃气轮机对燃气质量要求高，并且需有较高的自动化控制水平和燃气轮机改造技术，所以一般单独采用燃气轮机的生物质气化发电系统较少。

（3）燃气—蒸汽联合循环发电系统是在内燃机、燃气轮机发电的基础上增加余热蒸汽的联合循环，这种系统可以有效地提高发电效率。

2. 生物质气化炉

生物质气化是在一定的热力学条件下，将组成生物质的碳氢化合物转化为含一氧化碳和氢气等可燃气体的过程。为了提供反应的热力学条件，气化过程需要供给空气或氧气，使原料发生部分燃烧。气化过程和常见的燃烧过程的区别是：燃烧过程中供给充足的氧气，使原料充分燃烧，目的是直接获取热量，燃烧后的产物是二氧化碳和水蒸气等不可再燃烧的烟气；气化过程只供给热化学反应所需的那部分氧气，并尽可能将能量保留在反应后得到的可燃气体中。汽化后的产物是含氢、一氧化碳和低分子烃类的可燃气体。

生物质气化是在气化炉中进行的，气化炉的类型分为固定床气化炉和流化床气化炉。

（1）固定床气化炉。固定床气化炉（图 5.9）可分为上气式、双火式、下气式等，其中下气式气化炉应用最广。

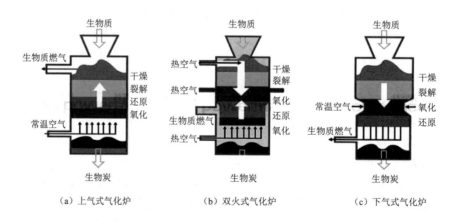

（a）上气式气化炉　　　　（b）双火式气化炉　　　　（c）下气式气化炉

图 5.9　固定床气化炉原理

（2）流化床气化炉。生物质流化床气化炉（图 5.10）一般有一个热砂床，即在流化床气化炉中放入砂子作为流化介质，将砂床加热之后，进入流化床气化炉的物料能在热砂床上进行气化反应，并通过反应热保持流化床的温度。在流化油气化炉中物料颗粒、砂子、气化剂（空气）充分接触，受热均匀，在炉内呈"沸腾"状态，气化反应速度快，产气率高，它的气化反应是在恒温床上进行的。

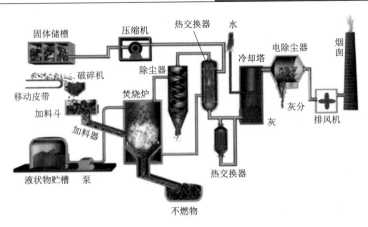

图 5.10 生物质流化床气化炉流程

5.2.2.3 沼气燃烧发电

沼气以燃烧方式进行发电，是利用沼气燃烧产生的热能直接或间接地转化为机械能并带动发电机发电。沼气可以被多种动力设备使用，如内燃机、燃气轮机、锅炉等。图 5.11 是采用沼气发动机（内燃机）、燃气轮机和锅炉（蒸汽轮机）发电原理图。燃料燃烧释放的热量通过水电机组和热交换器转换再利用，相对于不进行余热利用的机组，其综合热效率要高。从图 5.11 中可见，采用发动机方式具有结构简单、成本低、操作简便等优点。

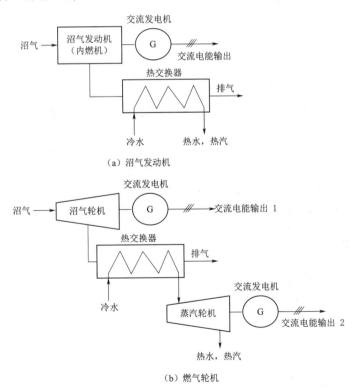

（a）沼气发动机

（b）燃气轮机

图 5.11（一） 采用沼气发动机、燃气轮机和锅炉发电的结构示意图

93

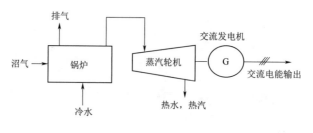

（c）锅炉

图 5.11（二） 采用沼气发动机、燃气轮机和锅炉发电的结构示意图

5.2.2.4 沼气燃料电池发电

沼气燃料电池（图 5.12）是一种将储存在燃料中的化学能直接转化为电能的装置，当源源不断地从外部向燃料电池供给燃料和氧化剂时，它就可以连续发电。依据电解质的不同，燃料电池分为碱性燃料电池、磷酸型燃料电池、熔融碳酸盐燃料电池、固体氧化物燃料电池及质子交换膜燃料电池等。

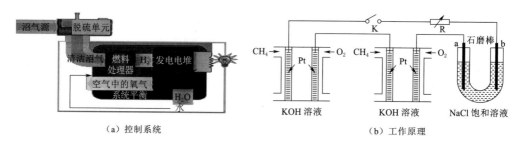

（a）控制系统　　　　　　　　　　　　　（b）工作原理

图 5.12 沼气燃料电池发电原理图

5.3 生物质能利用技术实习指导

5.3.1 实习目的

1．熟悉生物质能利用技术原理。

2．了解生物质能利用技术应用。

5.3.2 实习内容

1．生物质能现状及发展。

2．生物质能发电技术。

5.3.3 实习步骤

1．教师讲授，学生认知。

2．分组讨论，提高认识。

5.3.4 实习结果

1. 通过实习对生物质能利用技术有更深层次的认识。
2. 提高了学习动力，对未来从事生物质能利用相关工作前景充满信心。

5.3.5 撰写实习报告

氢能利用
技术

第6章 氢能利用技术

6.1 氢 能 概 述

6.1.1 氢能

化学元素氢在元素周期表中位于第一位，它是所有原子中最细小的。众所周知，氢原子与氧原子化合成水，但氢通常的单质形态是氢气（H_2），它是无色、无味、极易燃烧的双原子气体，氢气是最轻的气体。在标准状态下，它的密度为 $0.0899g/L$；在 $-252.7℃$ 时，可成为液体，若将压力增大到数百个大气压，液氢就可变为金属氢。氢是宇宙中最常见的元素，氢及其同位素占到了太阳总质量的 84%，宇宙质量的 75% 都是氢。

氢具有高挥发性、高能量，是能源载体和燃料，同时氢在工业生产中也有广泛应用。现在工业每年用氢量为 $5500×10^8 m^3$，氢气与其他物质一起用来制造氨水和化肥，同时也应用到汽油精炼工艺、玻璃磨光、黄金焊接、气象气球探测及食品工业中。液态氢可以作为火箭燃料，因为氢的液化温度为 $-253℃$。

随着化石燃料耗量的日益增加，其储量日益减少，终有一天这些资源将要枯竭，这就迫切需要寻找一种不依赖化石燃料的、储量丰富的新的含能体能源。氢能正是一种在常规能源危机的出现、在开发新的二次能源的同时人们期待的新的二次能源。其主要优点有：燃烧热值高，每千克氢燃烧后的热量，约为汽油的3倍，酒精的3.9倍，焦炭的4.5倍；燃烧的产物是水，是世界上最干净的能源；资源丰富，氢气可以由水制取，而水是地球上最为丰富的资源，演绎了自然物质循环利用、持续发展的经典过程。

氢如同汽油和天然气一样易燃性强，空气环境下含量达到 $4\%～96\%$ 均可燃，所以可用作燃料。氢气加氧气在火花点燃后产生热量，燃烧后的残留生成物仅仅是纯水，所以氢被誉为是零排放燃料。其燃烧生成的水可进行收集或直接以水汽形式排入大气，燃烧生成且与制氢所消耗的水量完全一样。所以，氢取之不尽，用之不竭。

当前国际社会制定了节能减排时间表，对新能源的开发应用提出了更加迫切的要求。氢气在新能源的开发应用中有着不可或缺的地位，有朝一日，人类终将摆脱对化石燃料的依赖，而氢能也会走进千家万户。

氢属于二次能源，地球上单质氢含量微乎其微，只能由其他能源转化得到。当采用水电解的方式制氢时，制氢过程的副产品仅仅是氧气。而采用天然气、石油或煤制氢时，不可避免地要产生二氧化碳和其他温室效应气体。因此，使用氢能作为燃料仅能解决整个环保问题的一半。其实从氢的制取到使用，氢扮演着能量载体的角色，如果在氢气的制取上也能完全解决污染问题，那么整个氢能的利用过程就成为真正意义上的零污染过程。

目前液氢已广泛用作航天动力的燃料，但氢能大规模的商业应用还有待解决以下关键问题：

1. 廉价的制氢技术

因为氢是一种二次能源，它的制取不但需要消耗大量的能量，而且目前制氢效率很低，因此寻求大规模的廉价的制氢技术是各国科学家共同关心的问题。

在自然界中，氢和氧结合成水，必须用热分解或电分解的方法把氢从水中分离出来。如果用煤、石油和天然气等燃烧所产生的热或所转换成的电分解水制氢，那显然是划不来的。现在看来，高效率的制氢基本途径，是利用太阳能。如果能用太阳能来制氢，那就等于把无穷无尽的、分散的太阳能转变成了高度集中的干净能源了，其意义十分重大。目前利用太阳能分解水制氢的方法有太阳能热分解水制氢、太阳能发电电解水制氢、阳光催化光解水制氢、太阳能生物制氢等。

2. 安全可靠的储氢和输氢方法

由于氢易汽化、着火、爆炸，因此如何妥善解决氢能的储存和运输问题也就成为开发氢能的关键。

现在科学家们正在研究一种"固态氢"的宇宙飞船。固态氢既作为飞船的结构材料，又作为飞船的动力燃料。在飞行期间，飞船上所有的非重要零件都可以转作能源而"消耗掉"，这样飞船在宇宙中就能飞行更长的时间。在超音速飞机和远程洲际客机上以氢作为动力燃料的研究已进行多年，目前已进入样机和试飞阶段。在交通运输方面，美、德、法、日等发达国家早已推出以氢作为燃料的示范汽车，并进行了几十万公里的道路运行试验。其中美、德、法等国是采用氢化金属储氢，而日本则采用液氢。试验证明，以氢作为燃料的汽车在经济性、适应性和安全性三方面均有良好的前景，但目前仍存在储氢密度小和成本高两大障碍，其中前者使汽车连续行驶的路程受限制；后者主要是由于液氢供应系统费用过高造成。用氢制成燃料电池可直接发电，采用燃料电池和氢气—蒸汽联合循环发电，其能量转换效率将远高于现有的火电厂。

6.1.2 氢能的特点

氢能有以下特点：

（1）安全环保。氢气相对分子质量为2，比空气轻1/14，因此，氢气泄漏于空气中会自动逃离地面，不会形成聚集。而其他燃油燃气均会聚集地面而构成易燃易爆危险。氢气无味无毒，不会造成人体中毒，燃烧产物仅为水，不污染环境。

（2）高温高能。1kg 氢气的热值为 $1.4 \times 10^5 kJ$（34000kcal），是汽油的 3 倍。氢氧焰温度高达 2800℃，高于常规液化气。

（3）热能集中。氢氧焰火焰挺直，热损失小，利用效率高。

（4）自动再生。氢能来源于水，燃烧后又还原成水。

（5）催化特性。氢气是活性气体催化剂，可以与空气混合方式加入，催化燃烧所有固体、液体、气体燃料。能够加速反应过程，促进完全燃烧，起到提高焰温、节能减排的作用。

（6）还原特性。各种原料的加氢精炼。

（7）变温特性。可根据加热物体的熔点实现焰温的调节。

（8）来源广泛。氢气可由水电解制取，水取之不尽。

（9）即产即用。利用先进的自动控制技术，由氢氧机按照用户的设定按需供气，不储存气体。

（10）应用范围广。适合于一切需要燃气的地方。

6.2　氢能发展现状与展望

6.2.1　氢能发展现状

6.2.1.1　国外发展现状

21 世纪初以来，受全球气候变化和环境问题影响，节能减排和能源清洁化步伐加快，氢能在能源转型中的潜力再次获得关注。氢能是理想的清洁二次能源，用可再生能源制氢，用储氢材料储氢，用氢燃料电池发电，将构成"净零排放"可持续利用的氢能系统，成为可再生能源之外实现"深度脱碳"的重要路径。氢能发展潜力越来越被国际认可，欧洲、美国、日本、韩国等地区和国家积极制定支持氢能投资政策。截至目前，占世界 GDP 70％的 18 个国家制定了氢能发展战略，全球直接支持氢能源部署的政策总计约 50 项。

1. 美国

美国是全球最早提出"氢经济"的国家之一，致力于发展氢能并积极布局氢能全产业链。2022 年美国政府发布了《国家清洁氢战略与路线图》草案，2030 年将生产 $1000 \times 10^4 t$ 清洁氢气。截至 2021 年年底，美国布局氢能大型项目累计数量达 522 个，其在氢能和燃料电池领域拥有的专利数量仅次于日本，在质子交换膜燃料电池、燃料电池系统和车载储氢 3 个核心技术领域的专利数量占比超过全球的 30％。美国目前拥有大约 2560km 的纯氢管道和 3 个地质洞穴，各种用途的氢燃料电池车超过 6×10^4 台。美国加利福尼亚州具有较为完善的氢能市场，加利福尼亚州政府为每座加氢站提供 150×10^4 美元建设投资，并在前 3 年每年提供 10×10^4 美元的运行资金，每辆燃料电池汽车提供 5×10^3 美元的购车补贴。

2. 欧盟

欧盟各成员国油气资源匮乏，通过氢能实现深度脱碳成为第一选择。2020 年欧盟委员会发布《欧盟氢能战略》并做出如下规划：2020—2024 年，可再生电力制氢总功率达到 6GW，年产量超 100×10^4 t；2025—2030 年，电解槽容量提升到 40GW 以上，可再生电力制氢年产量可达到 1000×10^4 t；2030—2050 年，氢能大规模应用在能源密集产业，如钢铁和物流行业。为了支持氢能产业发展，欧盟及其成员国按氢气的"制""储"和"用" 3 个主要产业环节提供财政补贴，在制氢环节，欧盟对绿氢的技术研发提供补贴，重点对输氢管道技术研发提供补贴；在终端应用环节，主要支持氢燃料电池汽车产业。过去 10 年，欧盟成员国氢能总补贴约 5×10^8 欧元，2021 年欧盟重点推动了 750 个氢能项目，覆盖工业、交通、能源和建筑等行业。

3. 日本、韩国

日本、韩国作为能源进口国，希望通过氢能实现能源独立。2013 年《日本再复兴战略》把发展氢能源提升为国策，2017 年日本发布《氢能基本战略》，提出建设"氢能源社会"。2019 年韩国政府出台《氢能经济发展路线图》，2021 年韩国政府颁布《促进氢经济和氢安全管理法》，这也是全球第一部氢能法案。日本、韩国氢能研究的侧重点为氢燃料电池和氢能汽车等方向，日本、韩国燃料电池专利申请量占全球的 1/3，出货量超过全球的 50%，韩国现代 NEXO、日本丰田 Mirai 是全球氢燃料电池乘用车的主力车型，日本、韩国在住宅热电联供等氢能终端应用方面也走在全球前列，2021 年累计销量超过 50×10^4 套，2022 年有超过 200 座的加氢站投入使用。日本、韩国政府主要通过提供燃料电池车购置补贴、基础建设补贴和交通费用减免等方式给予支持。2022 年日本、韩国提出"氨＝氢 2.0"时代，力求打造全球第一大氢气和氨气发电国。

4. 澳大利亚、加拿大

澳大利亚、加拿大是世界主要的资源出口国并规划成为全球氢能供应大国。2019 年澳大利亚发布《国家氢能战略》，计划创建氢能枢纽与大规模氢气需求的集群并生产全球 1/3 的清洁氢气，2025 年和 2030 年，澳大利亚氢能项目规模分别达到 300MW 和 1000MW。同时，澳大利亚政府正在与新加坡、德国、日本、韩国及英国发展国际氢能伙伴关系。2020 年加拿大发布《国家氢能战略》，2050 年将以清洁氢气满足加拿大 30% 的能源需求，成为世界上首选的清洁氢气供应国，加拿大在电解水制氢和燃料电池方面具有全球领先水平，规划建立跨大西洋的"加拿大－德国氢供应走廊"，预计 2025 年开始向德国出口氢能。

6.2.1.2 国内发展现状

近年来，氢能作为潜在新兴能源，逐步进入中央和地方政府中长期规划视野。在《中国制造 2025》（国发〔2015〕28 号）、《能源技术革命创新行动计划（2016—2030 年）》（发改能源〔2016〕513 号）、《新能源汽车产业发展规划（2021—2035 年）》（国办发〔2020〕39 号）、《"十三五"国家战略性新兴产业发展规划》（国发〔2016〕67 号）等多个国家规划中，明确提出将"氢能与燃料电池"作为战略重点，《中华人民共和国能源法（征求意见稿）》中首次将氢能列入能源范畴。

目前，我国氢能产业园区约有 30 个，长三角、珠三角、环渤海和川渝鄂 4 个氢能产业集聚区正在形成，具有科技创新、产业基础、人才要素和市场应用等全国领先优势，主要致力于燃料电池、整车制造、制氢与储氢核心技术研究，侧重于发展氢能汽车、加氢站建设及扩展氢能终端应用场景。西北氢能产业发展迅猛，发挥了光伏、风电的装机容量优势，新疆库车、内蒙古鄂尔多斯与乌兰察布等地即将成为世界级的绿氢制备与炼化减碳等应用中心，中国石油化工股份有限公司正在新疆库车建设全球最大的光伏制绿氢项目。包括北京、上海、佛山、郑州和张家口的全国"3＋2"氢燃料电池汽车示范城市群格局已经形成，截至 2022 年，我国累计建成 270 多座加氢站，累计销售氢燃料电池汽车突破万辆。北京国际氢能示范区建成全球规模最大的加氢站，国内首座兆瓦级氢能电站首台机组在安徽六安并网发电。

　　在 2022 年北京冬奥会中，氢能发挥了"科技名片"的作用，向全世界展示了中国在氢能领域的发展成果。北京冬奥会的奥运火炬燃料全部采用氢能，在开幕式上将点燃冬奥赛场的氢能主火炬。此外，北京冬奥会将示范运营 1000 多辆氢燃料电池车和 30 多个加氢站。冬奥会和冬残奥会期间，延庆赛区和张家口赛区将有 700 余辆氢燃料大巴车投入使用，场馆之间提供接驳服务的车辆将全部采用氢燃料电池客车，包含大巴车、中巴车等多个车型，为赛事提供交通保障服务（图 6.1）。

图 6.1　氢能助力北京冬奥会

6.2.2　我国氢能源利用存在的问题及发展建议

6.2.2.1　存在的问题

1. 氢能源产业起步晚

　　与发达国家相比，我国在氢能源产业技术水平和建设规模上差距较大。以丰田、现代为代表的燃料电池乘用车和氢能源大巴、物流车的生产均处于全球领先水平；近年来，美国在燃料电池汽车方面增速放缓，但加利福尼亚州作为燃料电池乘用车的最大单一市场仍在整个行业里占举足轻重的地位；欧洲的燃料电池研发起步很早，近年来奔驰等传统车企以及博世等一级供应商均已经进入燃料电池汽车领域。我国燃料电池系统发动机已接近国际先进水平。我国氢燃料电池汽车已经进入商业化导入期，商用车燃料电池寿命已经超过 2 万 h，基本满足车辆运行条件；氢燃料电池发动机系统功率密度多项指标已达国际先进水平。但基础材料和核心零部件依赖于国外供应商，国产化开发亟待解决。与先进国家相比，总体在产业规模、产品性能、核心技术研发、材料制造及成本、标准体系、应用场景等方面均有一定差距。

2. 技术"空心化"问题凸显

我国各地区氢能源产业的发展存在很大程度的同质化，普遍存在重应用、轻研发，重短期效果、轻长期投入，急于求成等问题。各地竞相开发氢能源，抓技术、挖人才、找项目，氢能源与燃料电池发展仍处于无序状态。燃料电池发动机系统供应链基础较为薄弱，尚未形成较成熟的零部件供应体系。燃料电池的关键材料包括催化剂、质子交换膜和碳纸等，材料大都依赖进口；膜电极、双极板、空压机、氢循环泵等与国外先进技术相比存在较大差距。因此仍需攻克基础材料、核心技术和关键部件难关，尤其是膜电极等关键部件的产业化。加氢机、压缩机、储氢、高压阀门等核心设备多采用进口，加氢站建设成本高。此外，氢的远距离运输迫切需要解决安全问题，储氢材料及储氢技术都是未来攻关的难点。燃料电池系统成本仍需降低，具有自主知识产权的核心燃料电池隔膜及电堆技术仍需突破。其中，整体煤气化燃料电池（IGFC）是煤炭发电的根本性变革技术，但我国投入不足，基础研究薄弱，导致技术产业化进程缓慢。

3. 应用场景较为单一

受燃料电池发展技术、成本以及加氢站基础设施等因素影响，我国目前氢能源的应用场景集中在交通领域，主要在氢燃料电池商用车，落后于全球氢能源产业化进程。2019年工业和信息化部道路产品推荐目录的燃料电池汽车产品中，商用车100款，乘用车0款；虽出现过燃料电池乘用车产品，但基本停留在样车阶段。现有各地出台的氢能源和燃料电池发展规划大多围绕交通领域，商业模式和持续路径不明确。燃料电池在分布式能源、发电、供热、特种用途等众多领域的应用亟待探索。当前，众多业内国际巨头已经进入中国市场，国内市场竞争日趋激烈，一旦技术"空心化"，存在产业失守的风险。

4. 产业发展商业模式尚待市场检验

氢能源产业处于起步阶段，氢能源全产业链条还未能打通，产运销等环节较分散，阻碍了产业的布局与发展。产业链企业主要分布在燃料电池零部件及应用环节，上游氢气储、输及加氢基础设施薄弱，规模企业占比仅10%。加氢站高昂的建设运营成本无法通过规模经济效应平衡收支。下游应用除交通领域外，储能、分布式发电、工业、建筑等领域尚未开展氢能源应用示范。燃料电池车还存在技术开发不充分、产品性能不稳定、购置成本高、运营成本高、燃料成本高等问题。因此需要积极探索适合中国国情的氢能源商业化发展模式。

目前，氢能产业已形成了以上海为代表的长三角地区、以广东为代表的珠三角地区以及以北京为代表的京津冀地区等重点发展区域。

6.2.2.2 氢能产业发展建议

"双碳"背景下，氢能作为最具发展潜力的二次新能源之一，将在保障能源安全、调整能源结构、促进碳减排等诸多领域中发挥重要作用。此外，氢能将带动上下游产业的发展，形成新的经济增长引擎，助力我国经济高质量发展。但现阶段我国氢能产业的发展机遇与挑战并存，如何扩大优势、补齐短板，促进我国氢能产业长效发展成为关键问题。

坚持战略引领，完善氢能产业规划布局。强化氢能产业链顶层设计，坚持绿氢原则，重点围绕氢能交通、绿氢化工，依托国有企业在绿色高纯氢制备、加氢站、氢气储运、氢燃料电池等领域超前布局，推动技术与市场、供应与需求"齐步走"。通过政府补贴引导社会资本投资，强化氢能的能源属性，将氢能列入国家绿色基金及投资管理体系，明确财政、税收等多方面政策支持标准和支持时限，建立相应的资金和担保机制，积极引导社会资本投资，促进国有大型能源企业向以氢能为代表的新能源业务转型，支持中小民营企业进入氢能及燃料电池细分市场，借助政府补贴措施加快氢能基础设施建设。

　　1. 强化政策引导

　　氢储能技术作为一项尚处于发展阶段的先进技术，需要得到有力的政策支持和引导。我国新能源产业发展得到相关部门积极扶持，但储能产业作为能源结构中的调控机制，位于这一生产与利用的产业链边缘区域，未能得到政策引导的充分重视。现有实证分析结果提示，氢储能技术有良好发展空间，此类发展前景需要政策的有效支持。基于此，氢储能技术在政策制定层面应逐步完善扶持与发展方向，充分发挥政策的引导作用。通过增加财政投入和推出税收优惠，支持氢储能技术的开发、创新、示范和规划，可有效提升氢储能技术优势。同时，鼓励企业引入技术和设备，提升生产效率和产品质量，并通过多种手段培育专业技能人才队伍，使国内氢储能技术具备核心竞争力。

　　2. 建立健全管理组织机构，完善氢能标准体系

　　建立健全氢能管理组织结构，明确氢气生产、储运、应用等环节的归口管理部门和相应的管理章程、法规体系，筹建专门的管理部门，如氢能协调中心等，协调各部委工作，监测并评估氢能产业进展，定期对政策措施进行动态调整。建立氢能规范标准、检测标准和安全保障体系。统筹建立健全氢泄漏与扩散燃烧、材料与氢的相容性、储氢系统及氢监测等在内的氢安全基础研究体系，为建设氢能标准体系夯实基础；完善氢能全产业链通用规范标准建设，建立健全检测、计量、保险及售后保障在内的产品和技术标准体系；加强标准制定过程中产学研用衔接和跨领域标准制定的协同，形成一体化标准体系。

　　3. 合理配套、适度超前推动加氢站等基础设施建设

　　明确加氢站等基础设施的重点布局。加氢站等氢能产业基础设施建设工作应由点及面，优先在氢能产业发展较快、产业基础较好、应用场景较为成熟的区域重点布局，发挥珠三角、长三角、京津冀等氢能利用重点城市群对周边地区的带动作用，最终实现全国范围的推广应用。在近期发展规划中应重点关注氢动力的港口货运车辆、城市公交和环卫等专用车辆，在加氢站规划中充分考虑和照顾专用车辆的加氢需求，并在后续发展中积极推动氢能利用从专用向公用、民用等领域延伸，大规模推动基础设施建设。

　　4. 强化科技创新，引导氢能产业自主发展

　　加强关键核心技术攻关。围绕氢能全产业链产学研联合攻关，开展核心材料和过程机理等基础研究，提升系统集成能力，探索并推动氢能从制取、储运到应用全

产业链技术提升和突破，尽快赶超国际先进水平。利用政策和市场手段保障氢能产业自主发展。坚持市场导向，加强国企的示范作用、带动民营企业补充投资；破除设备接入、地方准入、集成配套等方面的政策壁垒，将企业主体和产学研紧密结合；鼓励大型骨干企业、科研院所、"高、精、专"中小企业相关成果转化创业，打造自主化产业生态。

5. 重视氢能人才培养，打通科技型和应用型人才发展通道

考虑在本科及以上培养层次中新增氢能相关学科专业，塑造科技型人才的全产业链整体思维，开展深层次基础理论及应用技术研究；在氢能技术和软科学方面进一步强化学科的交叉融合，将氢能与新能源、电化学、新材料、经济学等学科相结合，拓展人才培养广度；职业教育方面，完善专业设置审批和办学检查，提高操作和技术水平，扩大氢能应用型人才储备。积极引导氢能相关高校与领域内高水平领军企业合作，充分发挥各自优势，设立人才联合培养基地；打通人才上升通道，创造和提供科技型人才和操作型人才的充分就业机会，提高社会对氢能专业人才的认可度和接受度。

6. 拓展氢能多元应用场景，实现多能联动互补

建立全球领先的氢能应用网络，拓展国际市场。交通领域重点实现氢燃料电池在中重型车辆、新能源客货车辆、船舶等领域的应用；工业领域可以开展绿氢在石油炼化、合成氨等行业的应用；发电领域可以适当布局氢燃料电池分布式热电联产设施及氢电融合微电网，储能领域可以探索"可再生能源＋氢储能"的模式。

7. 开展国际合作

氢储能技术是一项涉及全球环境和人类生存的重要科技，产业发展成果应用前景广泛，现阶段应用价值尚有限，国际合作发展前景良好。基于此，在氢储能技术研究过程中，需要加强与多国产业、研发与相关学术机构的协同合作，可以通过建立区域氢供应链共同体、促进跨区域氢产业对话等方式，加快相关技术的落地和推广，为现有孵化阶段技术研发活动寻求更具多元化的外部投资来源。同时，还需要扩大国际资源交流与分享，集聚更多的人力资本，促进产业内的技术创新和人才培养，以达到提高现有氢能消纳率，拓展氢能产业链规模，提升行业竞争力的目标。

6.2.3 氢能发展展望

氢能是未来最有希望的新能源之一，氢能的发展和利用不失为我国缓解能源压力的一种好的方式。因此，制定目标明确的氢能技术路线图，并将开发氢能列入国家长期能源战略目标中是很有必要的，以期能早日走入"氢能时代"。随着我国经济实力的增强，国际社会要求我国减排化石燃料有害气体的压力会越来越重。目前，我国城市化进程加快，不少大、中型城市的大气污染，正在由单纯的煤烟型污染向煤烟型污染与机动车排气污染混合型的方向变化，具有继续加剧的趋势。我国汽车单车污染物排放是国际同类先进机动车的几倍，甚至近 10 倍，对大气的污染贡献率超过 50％。因此，集中优势力量发展清洁高效的氢能源也许是我国抢先进入氢经济，摆脱百年来科技和战略落后，走可持续发展的最佳切入点。氢能是未来人

类最理想的能源之一，氢能研究的舞台是广阔的，研究开发氢能将大有作为。2023年9月6日，由中国中车集团有限公司（简称中国中车）株洲电力机车研究所有限公司自主研发制造的全球首辆氢能源智轨电车，此前通过上海港出发，正式亮相马来西亚沙捞越州府古晋市并完成首次试跑（图6.2）。

图 6.2　中国中车自主研制的全球首列氢能源智轨电车在马来西亚开启试跑

2022年3月，国家发展改革委、国家能源局联合印发的《氢能产业发展中长期规划（2021—2035年）》明确氢的能源属性，是未来国家能源体系的组成部分，充分发挥氢能清洁低碳特点，推动交通、工业等用能终端和高耗能、高排放行业绿色低碳转型；同时，明确氢能是战略性新兴产业的重点方向，是构建绿色低碳产业体系、打造产业转型升级的新增长点。

该规划同时强调，鼓励开展氢能科学和技术国际联合研发，推动氢能全产业链关键核心技术、材料和装备创新合作，积极构建国际氢能创新链、产业链。积极参与国际氢能标准化活动。坚持共商共建共享原则，探索与共建"一带一路"国家开展氢能贸易、基础设施建设、产品开发等合作。加强与氢能技术领先的国家和地区开展项目合作，共同开拓第三方国际市场。

2023年9月17日在北京召开的"2023全球能源转型高层论坛氢能绿色高质量发展分论坛"上，由中国产业发展促进会氢能分会编写的《国际氢能技术与产业发展研究报告2023》（以下简称《报告》）正式发布。还表示，随着产业技术快速发展，逐步明确氢的能源属性，氢能应用从化工原料向交通、建筑及能源领域快速渗透，未来氢能技术将有望在氢冶金、绿氢化工、氢储能等领域得到全面应用。随着应用的推广，氢能需求也将逐渐扩大，预计到2030年，全球对氢的需求将超过1.5亿t；到2050年，全球氢能需求较2022年将增长10倍。《报告》认为，各国氢能发展侧重点各有不同：美国主要关注氢能产业推广，对燃料电池汽车、加氢站数量有明确规划，注重液氢相关设备和产品的输出；欧洲更关注氢能发展在碳减排等环境方面的效用，注重标准和技术体系建设；日本、韩国则主要关注技术开发、基础设施建设，政府支持力度大、补贴高，重点扶持燃料电池汽车销售，注重产业技术输出和氢能贸易；我国目前则集中进行全产业链技术突破及产业示范，是全球最大最具潜力的市场。《报告》预计，未来10年是我国氢能产业"黄金发展期"。

展望我国部分资源优势地区将实现平价绿氢，各地方政府氢能扶持政策陆续落地，氢能发展规划加快落实，氢能技术与资金投入持续增长，氢能产业扩张速度有可能超预期。同时通过我国政府推动国际合作，国内氢能产业优势企业的碱性电解水制氢、氢气变压吸附和有机液态储氢等有望依靠成本优势进军国际市场，通过政府、企业、研究机构和金融机构等共同发力，以实现我国规划中的目标。

6.3 氢能利用

6.3.1 氢能开发利用

6.3.1.1 氢动力汽车

以氢气代替汽油作汽车发动机的燃料，已经过日本、美国、德国等许多汽车公司的试验，技术是可行的，主要是廉价氢的来源问题。氢是一种高效燃料，每千克氢燃烧所产生的能量为 33.6kW·h，几乎等于汽油燃烧的 2.8 倍。氢气燃烧不仅热值高，而且火焰传播速度快、点火能量低（容易点着），所以氢动力能汽车比汽油汽车总的燃料利用效率可高 20%。氢的燃烧主要生成物是水，只有极少的氮氢化物，没有汽油燃烧时产生的一氧化碳、二氧化硫等污染环境的有害成分，因此氢动力汽车是最清洁的理想交通工具。氢动力汽车是以金属氢化物为贮氢材料，释放氢气所需的热可由发动机冷却水和尾气余热提供。

现有两种氢动力汽车（图 6.3），一种是全燃氢汽车，另一种为氢气与汽油混烧的掺氢汽车。掺氢汽车的发动机只要稍加改变或不改变，即可提高燃料利用率和减轻尾气污染。使用掺氢 5% 左右的汽车，平均热效率可提高 15%，节约汽油 30% 左右。因此，近期多使用掺氢汽车，待氢气可以大量供应后，再推广全燃氢汽车。德国奔驰汽车公司已陆续推出各种燃氢汽车，其中有面包车、公共汽车、邮政车和小轿车。以燃氢面包车为例，使用 200kg 钛铁合金氢化物为燃料箱，代替 65L 汽油箱，可连续行车 130km 以上。德国奔驰汽车公司制造的掺氢汽车可在高速公路上行驶，车上使用的储氢箱也是钛铁合金氢化物。掺氢汽车的特点是汽油和氢气的混合燃料可以在稀薄的贫油区工作，能改善整个发动机的燃烧状况。在中国，许多城市交通拥挤，汽车发动机多处于部分负荷下运行，采用掺氢汽车尤为有利。特别是有些工业余氢（如合成氨生产）未能回收利用，若作为掺氢燃料，其经济效益和环境效益都是很好的。

图 6.3 氢动力汽车

6.3.1.2　氢能发电

大型电站，无论是水电、火电或核电，都是把发出来的电送往电网，由电网输送给用户。但是各种用户的负荷不同，使得电网负荷有时是高峰，有时是低谷。为了调节峰荷，电网中常需要启动快和比较灵活的发电厂，氢能发电（图 6.4）就最适合扮演这个角色。利用氢气和氧气燃烧，组成氢氧发电机组。这种机组是火箭型内燃发动机配以发电机，它不需要复杂的蒸汽锅炉系统，因此结构简单、维修方便、启动迅速，要开即开、欲停即停。在电网低负荷时，还可吸收多余的电来进行电解水，生产氢和氧，以备高峰时发电用。这种调节作用对于电网运行是有利的。另外，氢和氧还可直接改变常规火电机组的运行状况，提高火电厂的发电效率。例如，氢氧燃烧组成磁流体发电，利用液氢冷却发电装置，进而提高机组功率等。

图 6.4　氢能发电

6.3.1.3　氢燃料电池

更新的氢能发电方式是氢燃料电池，这是利用氢和氧（空气）直接经过电化学反应而产生电能的装置，也是水电解槽产生氢和氧的逆反应。20 世纪 70 年代以来，日美等国加紧研究各种燃料电池，现已进入商业性开发，日本已建立万千瓦级燃料电池发电站，美国有 30 多家厂商在开发燃料电池，德国、英国、法国、荷兰、丹麦、意大利和奥地利等国也有 20 多家公司投入了燃料电池的研究，这种新型的发电方式已引起世界的关注。

与传统的内燃机相比，氢燃料电池具有更高的能量密度、更低的排放和更高的效率等优点。但是，氢燃料电池的制氢和储氢技术仍需进一步解决，同时其成本也较高。目前，国内外科研机构和企业正在加强合作，加快氢燃料电池的技术研发和推广应用。

1. 工作原理

将氢气送到燃料电池的阳极板（负极），经过催化剂（铂）的作用，氢原子中的一个电子被分离出来，失去电子的氢离子（质子）穿过质子交换膜，到达燃料电池阴极板（正极），而电子是不能通过质子交换膜的，这个电子只能经外部电路，到达燃料电池阴极板，从而在外电路中产生电流。电子到达阴极板后，与氧原子和氢离子重新结合为水。由于供应给阴极板的氧可以从空气中获得，因此只要不断地给阳极板供应氢，给阴极板供应空气，并及时把水（蒸气）带走，就可以不断地提供电能（图 6.5）。由于燃料电池中的燃料是氢和氧，生成物是清洁的水，电池本身工作不产生一氧化碳和二氧化碳，也没有硫和微粒排出，因此氢燃料电池是真正意义上的零排放、零污染。

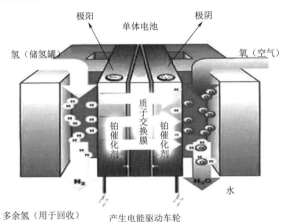

图 6.5　氢燃料电池基本工作原理

2. 特点

（1）无污染。氢燃料电池对环境无污染。它是通过电化学反应，而不是采用燃烧（汽、柴油）或储能（蓄电池）方式等典型的传统后备电源方案。燃烧会释放像 CO_x、NO_x、SO_x 气体和粉尘等污染物，但氢燃料电池只会产生水和热。如果氢是通过可再生能源产生的（光伏电池板、风能发电等），整个循环将不产生任何有害物质排放的过程。

（2）无噪声。氢燃料电池运行安静，噪声大约只有55dB，相当于人们正常交谈的水平。这使得燃料电池适合于室内安装，或是在室外对噪声有限制的地方。

（3）高效率。氢燃料电池的发电效率可以达到50%以上，这是由燃料电池的转换性质决定的，直接将化学能转换为电能，不需要经过热能和机械能（发电机）的中间变换。

（4）电量高。电池能量密度大，同样的电池体积可容纳更多的电量，容量可达到了 53.6kW·h。

（5）振实密度高。相较于传统的锂电池，氢燃料电池具有更高的能量密度，能够提供更长的续航里程，并且在加注氢气时也更加方便。

3. 分类

氢燃料电池的种类很多，主要有3种，如图6.6所示。

图 6.6　氢燃料电池

（1）磷酸盐型燃料电池。磷酸盐型燃料电池（PAFC）是最早的一类燃料电池，工艺流程基本成熟，美国和日本已分别建成4500kW及11000kW的商用电站。这种燃料电池的操作温度为 200℃，最大电流密度可达到 150mA/cm²，发电效率约 45％，燃料以氢、甲醇等为宜，氧化剂用空气，但催化剂为铂系列，发电成本尚高，40～50 美分/(kW·h)。

（2）熔融碳酸盐型燃料电池。熔融碳酸盐型燃料电池（MCFC）一般称为第二代燃料电池，其运行温度 650℃ 左右，发电效率约 55％，日本三菱公司已建成 10kW 级的发电装置。这种燃料电池的电解质是液态的，由于工作温度高，可以承受一氧化碳的存在，燃料可用氢、一氧化碳、天然气等，氧化剂用空气。发电成本低于 40 美分/(kW·h)。

（3）固体氧化物型燃料电池。固体氧化物型燃料电池（SOFC）被认为是第三代燃料电池，其操作温度 1000℃ 左右，发电效率可超过 60％，不少国家在研究，它适于建造大型发电站，美国西屋公司正在进行开发，可望使发电成本低于 20 美分/(kW·h)。

（4）应用领域。氢燃料电池应用在新能源汽车、飞机、无人机、火箭、航天器等领域。随着环保意识的不断提高，氢燃料电池技术将会得到越来越广泛的应用。除了上述领域之外，氢燃料电池还可以应用于家庭能源、工业能源等领域（图 6.7）。相信在不久的将来，氢燃料电池将成为一种主流的清洁能源技术。

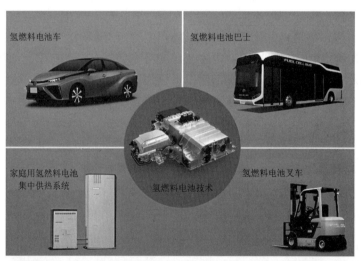

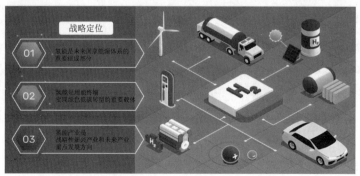

图 6.7　氢燃料电池应用领域

6.3.2 氢能储运

目前氢能技术在生产成本、储存和运输、安全风险等方面仍面临一些制约因素，需要进一步的技术突破和政策支持，推动其在能源领域的广泛应用。

根据氢气的存储状态可将氢气储存方式分为常温高压气态储氢、低温液态储氢、有机液态储氢和固态储氢等。

1. 常温高压气态储氢

常温高压气态储氢为目前氢气储运的主要方式，国内高压储罐的最高设计压力为98MPa，主要用于加氢站的固定式储氢或其他对空间要求比较苛刻的场景。目前，常温高压气态储氢是我国最成熟的储氢技术，占绝对主导地位。

常温高压气态储氢是指将氢气压缩在储氢容器中，通过增压来提高氢气的容量，满足日常使用。这是一种应用广泛、灌装和使用操作简单的储氢方式，具有成本低、能耗低、充放速度快的优点。缺点是储氢密度低，安全性较差，只能适用于小规模、短距离的运输场景。

2. 低温液态储氢

液态储氢在国外已经被推广应用，但国内只应用于航天领域。其闪光点在于储氢密度大，每立方米储罐可储存70kg的液氢，但由于氢气液化过程耗能高，加之液氢保存需要适宜的温度，进一步制约了其适用范围。

低温液态储氢属于物理储存，是一种深冷氢气存储技术。氢气经过压缩后，深冷到21K（约−253℃）以下，使之变为液氢，然后储存在专用的低温绝热液氢罐中，密度可达 $70.78kg/cm^3$，约是标准情况下氢气密度的850倍，体积比容量大，适用于大规模、远距离的氢能储运。缺点是对储氢容器的绝热要求很高，液化和运输过程中能耗大。

3. 有机液态储氢

有机液态储氢属于化学储存，利用有机液体（环己烷、甲基环己烷等）与氢气进行可逆加氢和脱氢反应，能够实现常温常压下的氢气储运。这种储氢方式的优势在于储氢密度比较高、安全性高。缺点是需要配备相应的加氢脱氢装置，流程烦琐，效率较低，增加储氢成本，影响氢气纯度。有机液态储氢如图6.8所示。

图6.8 有机液态储氢

4. 固态储氢

固态储氢是以金属氢化物、化学氢化物或纳米材料等作为储氢载体，通过化学吸附和物理吸附的方式实现储氢，具有储氢密度高、储氢压力低、安全性好、放氢纯度高等优势。缺点是成本高，放氢需要在较高温度下进行。固体储氢在国内仍处于研究开发阶段，要想实现普及应用，还需进一步解决提高储氢密度、降低放氢温度及解决服役寿命等一系列实际问题。

6.4　氢能利用技术实习指导

6.4.1　实习目的

1. 了解氢能技术的应用领域。
2. 熟悉氢能利用技术。

6.4.2　实习内容

1. 氢能发展现状与展望。
2. 氢能利用技术。

6.4.3　实习步骤

1. 教师讲授，学生认知。
2. 分组讨论，提高认识。

6.4.4　实习结果

1. 通过实习对氢能利用技术有更深层次的认识。
2. 掌握氢能技术的应用与开发。

6.4.5　撰写实习报告

第7章 储能技术

7.1 储能技术概述

7.1.1 相关概念

7.1.1.1 储能系统

储能是指通过介质或设备把能量存储起来,在需要时再释放出来的过程。它是解决可再生能源间歇性和不稳定性,提高常规电力系统和区域能源系统效率、安全性和经济性的重要手段。利用储能可以实现可再生能源平滑波动、跟踪调度输出、调峰调频等,使可再生能源发电稳定可控输出,满足可再生能源电力大规模接入并网的要求,对建设以清洁能源为主的新型电力系统,实现"双碳"目标具有重要意义。

储能系统由一系列设备、器件和控制系统等组成,可实现能量的存储和释放。储能系统如图7.1所示。储能就像水库,多雨时把水蓄起来,干旱时把水放出来发电或灌溉等。在新能源科学与技术应用中,储能系统具有动态吸收能量并适时释放的特点,能有效弥补太阳能、风能的间歇性和波动性的缺点,改善太阳能电站和风电场输出功率的不可控性,提升输出电能的稳定水平,从而提高发电质量。

图 7.1　储能系统

随着"双碳"目标的提出，加快发展可再生能源，成为当前我国能源事业发展的重要任务。"十四五"时期，将继续坚持市场主导、政策驱动，强调统筹规划、多元发展，鼓励创新示范、先行先试，推动新型储能规模化、产业化、市场化发展。随着国家政策的实施落实，新能源发电占比逐年递增，进而引发了储能市场的爆发式增长，国内外针对各种类型的储能建设示范工程，陆续出现了各种类型的储能项目，推动了储能技术的发展。

7.1.1.2　储能技术

1. 概念

储能技术对于全球节能减排与优化能源结构有着积极的推动作用，是智能电网、新能源接入、分布式发电、微网系统及电动汽车发展必不可少的支撑技术之一。尤其对于电力系统，储能技术的应用贯穿于发电、输电、供电、配电、用电等各个环节，它不但可以有效地实现需求侧管理、消除峰谷差、平滑负荷，而且可以提高电力设备的运行效率、降低供电成本，最终提高电能质量和用电效率，保障电网优质、安全、可靠供电和高效用电的需求，促进电网的结构形态、规划设计、调度管理、运行控制与使用方式等的优化与改善。

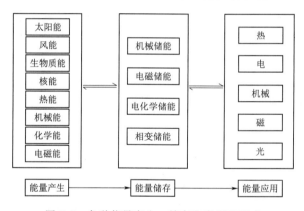

图 7.2　各种能量产生、储存和应用的形式

2. 分类与应用现状

图 7.2 涵盖了各种能量产生、储存和应用的形式。根据能量来源的不同，可以将能量产生分为太阳能、风能、生物质能、核能、热能、机械能、化学能和电磁能八大类。根据能量储存形式的不同，可以将储能技术分为机械储能、电磁储能、电化学储能和相变储能四大类。

（1）机械储能的典型特征是将电能转换为机械能进行储存，常见的机械储能方式有抽水蓄能、压缩空气储能和飞轮储能。

（2）电磁储能的典型特征是将电能转换为电磁能进行储存，常见的电磁储能方式有超导储能、超级电容储能。

（3）电化学储能的典型特征是将电能转化为化学能进行储存，常见的电化学储能方式有铅酸蓄电池、锂离子电池、碱性电池（镍镉电池、镍氢电池等）、钠硫电池和液流电池等。

（4）相变储能的典型特征是将能量转换为热能进行储存，即相变储热，常见的相变储热方式有显热储热、潜热储热和电化学储热。

图 7.3 给出了不同储能方式的功率等级和储电、放电时间。可以看到，不同储能方式的储能功率及其对应的储电、放电时间不同，根据这一特点，基于不同的需求，如削峰填谷、调峰调频、稳定控制、改善电能质量乃至紧急备用电源等，应选择不同

的储能方式。表 7.1 给出了各种典型储能技术的主要优、缺点和研究应用现状。

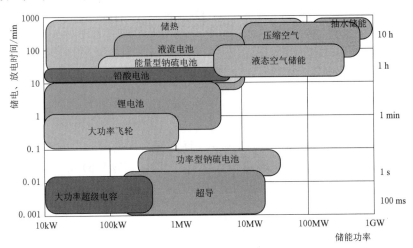

图 7.3 不同储能方式的功率等级和储电放电时间

表 7.1　　　　　各种典型储能技术的主要优、缺点和研究应用现状

储能技术类型		主要优点	主要缺点	作　　用	国内研究应用现状
机械储能	抽水蓄能	大容量、低成本	安装位置有特殊要求	调峰调频、系统备用	已建 22 座，最大 2400MW
	压缩空气储能	大容量、低成本、寿命长	对位置有特殊要求、需气体燃料	削峰填谷、频率控制	研究较少、应用少
	飞轮储能	比功率高	低能量密度、噪声大	调频、改善电能质量	实验室研究阶段
电磁储能	超导储能	比功率高、响应快	能量密度较低、成本高	抑制振荡、低电压穿越	已有 35kJ 低温超导样机
	超级电容储能	响应快、效率高	低能量密度	稳定控制、柔性交流输电	小规模应用示范
电化学储能	铅酸蓄电池	低成本	深度充放电时寿命较短	抑制功率波动、黑启动	技术成熟，示范工程最大 40MW，现在少用
	锂离子电池	高功率、高能量密度、高效率	生产成本高、需特殊的充电电路	改善电能质量、备用电源	技术成熟，已建几十兆瓦级示范工程
	镍镉电池	比能量较高、寿命较长	比功率较低、重金属污染	改善电能质量、备用电源	技术成熟、示范工程少
	镍氢电池	比能量较高、寿命较长、安全性较好	生产成本高、高温性能差、需要控制氢损失	改善电能质量、备用电源	技术成熟、示范工程少
	液流电池	大容量、功率和能量相互独立	能量密度比较低	负荷跟踪、抑制功率波动	几个兆瓦级风储示范工程
	钠硫电池	高功率、高能量密度、高效率	生产成本、安全性问题	旋转备用、抑制功率波动	已建成几十兆瓦级示范工程
相变储能	储热材料	低温相变储热效率高	储能密度大、利用率高	改善电能质量、调节热能供需平衡	技术成熟、工程应用广

7.2　储能技术应用

7.2.1　机械储能

7.2.1.1　抽水蓄能

1. 概况

抽水蓄能是目前电力系统中应用最为广泛、寿命周期最长（40～60 年）、循环次数最多（10000～30000 次）、容量最大（500～8000MW·h）的一种成熟储能方式，主要用于系统备用和调峰调频。在负荷低谷时段抽水蓄能设备工作在电动机状态，将水抽到上游水库保存；在负荷高峰时设备工作在发电机状态，利用储存在水库中的水发电。但抽水蓄能电站受选址要求高、建设周期长、机组响应速度相对较慢等因素的影响，其大规模推广应用受到一定程度的约束与限制。图 7.4 为我国的超级工程之一，落差世界第一，每天注水堪比再造一座西湖的浙江省安吉县天荒坪抽水蓄能电站。

图 7.4　浙江省安吉县天荒坪抽水蓄能电站

抽水蓄能电站好比大型"充电宝"，有利于弥补新能源存在的间歇性、波动性短板，是当前技术最成熟、经济性最优、最具备大规模开发条件的电力系统灵活调节电源。从类型上来看，抽水蓄能电站可以分为两种不同的形式，分别为混合型抽水蓄能电站以及纯抽水蓄能电站，前者会在电机运行的过程中增加常规的水电机组辅助运行，使电站既能调节电网，又能通过径流发电。

当前我国正处于能源绿色低碳转型发展的关键时期，风电、光伏发电等新能源大规模高比例发展，对调节电源的需求更加迫切，构建以新能源为主体的新型电力系统对抽水蓄能发展提出更高要求。

根据中国能源研究会储能专委会、中关村储能产业技术联盟（CNESA）全球储能数据库的不完全统计，截至 2022 年年底，中国抽水蓄能累计装机容量达 46.1GW。2023 年前三季度，全国新增抽水蓄能装机容量 420 万 kW。截至 2023 年 9 月底，全国抽水蓄能累计装机容量达 0.5 亿 kW。在政策引导下，抽水蓄能电站建设速度将进一步加快，预计到 2025 年装机容量将达到 68GW，到 2030 年达到 120GW 左右。

2. 主要功能

（1）实现电力系统有效节能减排。抽水蓄能电站削峰填谷具有明显的节煤作用。首先，它减少了火电机组参与调峰的启停次数，提高火电机组负荷率并在高效区运行，降低机组的燃料消耗；其次，在经济调度情况下，低谷电由系统中煤耗最低的基荷机组发出，而高峰电由系统中煤耗最高的调峰机组发出，抽水蓄能电站用高效、低煤耗机组发出的电，替代低效、高煤耗机组发出的电，从而实现电力系统有效节能减排；最后，抽水蓄能电站具有适应负荷快速变化的特性，能够保障电力系统事故情况下的快速调节要求，从抽水工况到满负荷运行一般只有 2~3min，可以快速大范围调节出力。

（2）提高电力系统安全稳定运行水平并保证供电质量。首先，抽水蓄能电站启停灵活、反应快速，具有在电力系统中担任紧急事故备用和黑启动等任务的良好动态性能，可有效提高电力系统安全稳定运行水平；其次，抽水蓄能电站跟踪负荷迅速，能适应负荷的急剧变化，是电力系统中灵活可靠地调节频率和稳定电压的电源，可有效地保证电网运行频率、提高电压稳定性，更好地满足广大电力用户对供电质量和可靠性的更高要求；最后，抽水蓄能电站利用其削峰填谷性能可以降低系统峰谷差，提高电网运行的平稳性，有效减少电网拉闸限电次数，减少对企业和居民等广大电力用户生产和生活的影响。

（3）抽水蓄能电站可以配合其他大型发电站的发展。我国新能源资源与能源需求在地理分布上存在巨大差异，风电、光伏发电等新能源电源远离负荷中心，必须远距离大容量输送。风电受当地风力变化影响，发电极不稳定，对系统冲击非常大。抽水蓄能电站可以提高电力系统对风电等可再生能源的消纳能力。

核电适宜长期稳定带负荷运行，大规模发展核电将给以煤电为主的电力系统调峰带来极大压力。建设适当规模的抽水蓄能电站与核电配合运行，可解决核电在基荷运行时的调峰问题，减小系统调峰调频压力，提高核电站的运行效益和安全性。广州抽水蓄能电站对大亚湾核电站的调节是我国抽水蓄能与核电配合运行的成功范例。

3. 工作原理

抽水蓄能电站根据能量转换原理而工作，如图 7.5 所示。首先利用午夜系统电力负荷低谷时的多余容量和电量，通过电动机水泵将低处下水库的水抽到高处上水库中，将这部分水量以势能形式储存起来；然后待早晚电力系统负荷转为高峰时，再将这部分储存的水量通过水轮发电机发电，以补充不足的尖峰容量和电量，满足系统调峰需求。在整个运作过程中，虽然部分能量在转化过程会损失，但与增建煤电发电设备（满足高峰用电而在低谷时压荷、停机）相比，使用抽水蓄能电站的经济效益更佳，综合效率达到 70%。抽水蓄能电站可分为四机分置式（装有水泵、电动机、水轮机和发电机）、三机串联式（即电动发电机与水轮机、水泵连接在一个直轴上）和二机可逆式（一台水泵水轮机和一台电动发电机连接）。

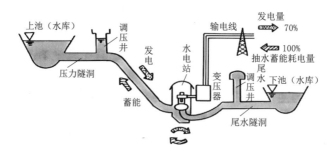

图 7.5　抽水蓄能电站工作原理

7.2.1.2　压缩空气储能

1. 概况

压缩空气储能是一种基于燃气轮机发展而产生的储能技术，以压缩空气的方式储存能量。当电力富余时，利用电力驱动压缩机，将空气压缩并存储于腔室中；当需要电力时，释放腔室中的高压空气以驱动发电机产生电能。与抽水蓄能和蓄电池储能相比，压缩空气储能对地理条件要求较低，成本也与抽水蓄能相似，并且储能容量大，技术可靠，运行寿命长，是目前大规模储能领域极具潜力的发展方向之一。

压缩空气储能电站是一种调峰用燃气轮机发电厂，主要利用电网负荷低谷时的剩余电力压缩空气，并将其储藏在典型压力为 7.5MPa 的高压密封设施内，在用电高峰时释放出来驱动燃气轮机发电。压缩空气储能电站并网发电如图 7.6 所示。压缩空气储能电站建设投资和发电成本均低于抽水蓄能电站，但其能量密度低，建设受地形制约，对地质结构有特殊要求。

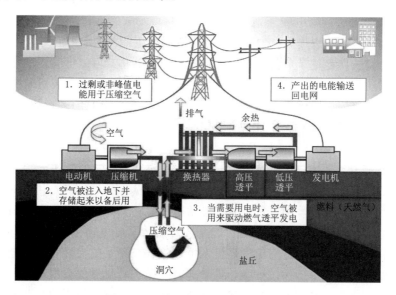

图 7.6　压缩空气储能电站并网发电

压缩空气储能成本较低，并且具有安全系数高、寿命长、响应速度快等特性。但其储能密度低、依赖大型储气洞穴并产生化石燃料燃烧污染，是其主要的制约因素。目前，针对这些问题，压缩空气储能的发展方向是积极开展新型压缩空气储能系统的研发，如等温压缩空气储能系统、地面压缩空气储能系统、液态空气储能系统、先进的绝热压缩空气储能系统以及空气蒸汽联合循环压缩空气储能系统等。

从商业化进程来看，我国压缩空气储能行业正处于逐步突破百兆瓦级系统关键技术阶段，商业化项目（百兆瓦级以上）正在快速推进，例如截至 2021 年，国际首套 100MW 先进压缩空气储能示范项目在张家口顺利并网，并且从整体来看其性能均处于国际领先水平；截至 2022 年 6 月，国内主要大型空气压缩储能项目包括江西瑞昌 1GW/6GW·h 的压缩空气项目、山东泰安 600MW 级盐穴压缩空气储能创新示范工程、湖北应城 300MW 级压缩空气储能电站示范工程等。

我国已建成/已开工的项目共有 9 个，主要是安徽芜湖 500kW 压缩空气储能示范项目、贵州毕节 10MW 压缩空气储能示范项目、同里综合能源服务中心内 500kW 液态空气储能示范项目等，总装机容量为 682.5MW，同时正在规划建设的项目共有 19 个，规划总装机容量达到 5.38GW。

随着压缩空气储能的技术、效率和装机容量持续提升，规模效应使得单位成本明显下降，系统规模每提高一个数量级，单位成本下降可达 30% 左右。根据相关资料可知，现阶段，压缩空气储能的造价大概是 5000～6000 元/kW，已接近抽水蓄能的建设成本（约 5500 元/kW），所以随着系统规模的提升，行业成本下降空间较大。

整体来看，2022—2025 年，我国新增储能装机中压缩空气储能渗透率或将达 10%，则新增装机容量 6.59GW，预计 2025 年累计装机容量达到 6.76GW，并且 2026—2030 年新增储能装机中压缩空气储能的渗透率有望为 23%，则新增装机容量 36.39GW，预计 2030 年累计装机容量达到 43.15GW。

2. 基本原理及优点

传统压缩空气储能系统是基于燃气轮机技术的储能系统，主要由压缩机、储气装置、燃烧室、膨胀机、电动机/发电机等组成，如图 7.7 所示。其工作原理是，在用电低谷，电动机与压缩机相连，多余的电能驱动电动机和压缩机将空气压缩并存于储气室中，使电能转化为空气的内能存储起来，而膨胀机不工作；在用电高峰，压缩机不工作，高压空气从储气室释放，进入燃气轮机燃烧室燃烧并产生高温高压燃气，高温高压燃气进入膨胀机膨胀做功带动发电。

压缩空气储能是一种基于燃气轮机的储能技术，已非常成熟并实现大规模商业化应用。相比于其他类型大型储能技术，压缩空气储能具有以下显著优点：

（1）压缩空气储能系统储能容量大，规模上仅次于抽水蓄能，适合建造大型电站（通常大于 100MW）；压缩空气储

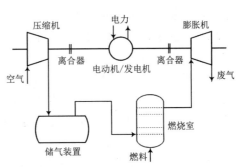

图 7.7 压缩空气储能系统原理图

能系统可以持续工作数小时乃至数天，工作时间长。

（2）建造成本和运行成本均比较低，低于抽水蓄能电站，具有很好的经济性。随着绝热材料的应用，可以逐步实现少使用甚至不使用天然气或石油等燃料加热压缩空气，燃料成本占比逐步下降。

（3）压缩空气储能系统的寿命很长，可以储能/释能上万次，寿命可达 40～50 年；并且其效率可以达到 70％左右，接近抽水蓄能电站。

（4）场地限制少。传统压缩空气储能系统通常将压缩空气储存在合适的地下矿井或熔岩下的洞穴中，是最经济的储存方式。现代压缩空气储存利用地面储气罐取代溶洞，使用面积更少。

（5）安全性和可靠性高。压缩空气储能使用的原料是空气，不会燃烧，没有爆炸的危险，不产生任何有毒有害气体。

7.2.1.3　飞轮储能

1. 工作原理

飞轮储能系统是一种机电能量转换的储能装置，突破了化学电池的局限，用物理方法实现储能。通过电动/发电互逆式双向电机，电能与高速运转飞轮的机械动能之间的相互转换与储存，并通过调频、整流、恒压与不同类型的负载接口。

在储能时，电能通过电力转换器变换后驱动电机运行，电机带动飞轮加速转动，飞轮以动能的形式把能量储存起来，完成电能到机械能转换的储存能量过程，能量储存在高速旋转的飞轮体中；之后，电机维持一个恒定的转速，直到接收到一个能量释放的控制信号；释能时，高速旋转的飞轮拖动电机发电，经电力转换器输出适用于负载的电流与电压，完成机械能到电能转换的释放能量过程。整个飞轮储能系统实现了电能的输入、储存和输出过程。飞轮储能工作原理如图 7.8 所示。

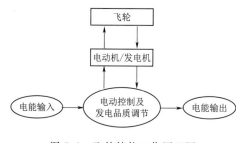

图 7.8　飞轮储能工作原理图

2. 系统结构

飞轮储能系统由飞轮、轴承支撑系统、电动机/发电机、功率变换器、电子控制系统和真空泵、紧急备用轴承等附加设备组成，如图 7.9 所示。谷值负荷时，飞轮储能系统由工频电网提供电能，带动飞轮高速旋转，以动能的形式储存能量，完成电能到机械能的转换过程；出现峰值负荷时，高速旋转的飞轮作为原动机拖动电机发电，经功率变换器输出电流和电压，完成机械能到电能的转换过程。飞轮储能功率密度大于 5kW/kg，能量密度超过 20W·h/kg，效率在 90％以上，循环使用寿命长达 20 年，工作温区为 −40～50℃，无污染，维护简单，可连续工作，积木式组合后可以构成兆瓦级系统，主要用于不间断电源（UPS）/应急电源（EPS）、电网调峰和频率控制。

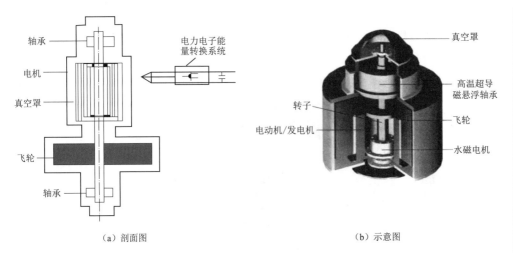

（a）剖面图 （b）示意图

图 7.9 飞轮储能结构图

3. 关键技术

（1）安全可靠并可支持高速运行的轴承。

（2）可以承受高速旋转重力的转子设计与材质。飞轮储能的储能容量、自放电率等方面是制约飞轮储能系统发展的重要因素。

随着超导磁悬浮技术和单体并联技术的日渐成熟，飞轮储能将逐渐克服现有的能量密度低、自放电率高等缺点，其应用领域将逐步扩展到大型新能源电力系统的储能领域。

4. 应用现状

飞轮储能相较于其他储能技术，技术难度较大，成本也比较高，目前来看其装机容量已经进入示范项目阶段。但同时，飞轮储能有使用寿命长、无污染、充电次数几乎没有限制等特点，特定领域的搭载需求在不断提高，市场规模也在不断扩大。相关机构预测 2026 年前飞轮储能的装机容量将激增到 88.9MW。目前飞轮储能设备主要的应用市场包括轨道交通动力回收和电网调频，其中电网调频的装机比例超过了 80%。我国已经先后出台了《关于加快推动新型储能发展的指导意见》（发改能源规〔2021〕1051 号）、《"十四五"新型储能发展实施方案》（发改能源〔2022〕209 号），正在加快构建新型储能市场发展的政策体制，推动形成技术、市场和机制多轮驱动的局面，中国飞轮储能产业将进入快速发展的上升通道。

7.2.2 电磁储能

7.2.2.1 超导储能

1. 工作原理

超导储能系统是利用超导线圈将电磁能直接储存起来，需要时再将电磁能返回电网或其他负载的一种电力设施，它是一种新型高效的储能技术。其工作原理是：正常运行时，电网通过整流器向超导电感充电，然后保持恒流运行（由于采用超导线圈储能，所储存的能量几乎可以无损耗地永久储存下去，直到需要释放时为止）。

当电网发生瞬态电压跌落或骤升、瞬态有功功率不平衡时，可从超导电感提取能量，经逆变器转换为交流电，并向电网输出可灵活调节的有功功率或无功功率，从而保障电网的瞬态电压稳定和有功功率平衡。

当储存电能时，将发电机组（如风力发电机）的交流电经过整流装置变为直流电，激励超导线圈；发电时，直流电经逆变装置变为交流电输出，供应电力负荷或直接接入电力系统。但和其他储能技术相比，超导储能仍很昂贵，除了超导本身的费用外，因维持系统低温导致维修频率提高，相关维修费用也相当可观。目前，在世界范围内有许多超导储能工程正在建设或者处于研制阶段。超导储能外形如图 7.10 所示。

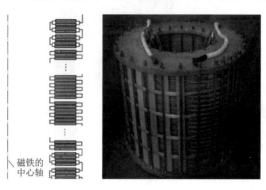

磁铁的中心轴

图 7.10　超导储能外形图

2. 特点

超导储能采用了电力电子装置具有反应速度快、转换效率高的优点，可以实现与电力系统的实时、大容量能量交换和功率补偿。不仅可用于降低甚至消除电网的低频功率振荡，还可以调节无功功率和有功功率。由于超导体具有低温零电阻的特点，其载流密度很高，使超导电力装置普遍具有体积小、质量轻等特点，制成常规技术难以达到的大容量电力装置，还可以制成运行于强磁场的装置，实现高密度、高效率储能。作为一种具备快速功率响应能力的电能存储技术，超导储能系统在改善供电品质、提高电网的动态稳定性和增强新能源发电的可控性中发挥了重要作用。近 30 年来，超导储能系统的研究一直是超导电力技术研究的热点之一。

超导储能系统具有一系列其他储能技术无法比拟的优越性，具体如下：

（1）超导储能系统可长期无损耗地储存能量，其效率超过 90%。

（2）超导储能系统可采用电力电子器件的变流技术实现与电网的连接，响应速度快（毫秒级）。

（3）由于其储能量与功率调制系统的容量可独立地在大范围内选取，因此可将超导储能系统建成所需的大功率和大能量系统。

（4）超导储能系统除了真空和制冷系统外没有转动部分，使用寿命长。

（5）超导储能系统在建造时不受地点限制，维护简单、污染小。

3. 应用现状

目前，超导储能系统的研究开发在国际上已经成为超导电力技术研究开发的一个研究热点，一些主要发达国家在超导储能系统的研究开发方面投入了大量的人力、物力和财力，推动着超导储能系统的实用化进程和产业化步伐。

目前世界上 1~5MJ/MW 低温超导储能系统装置已形成产品，100MJ 超导储能系统已投入高压输电网中实际运行，5GW·h 超导储能系统已通过可行性分析和技术论证。超导储能系统可以充分满足输配电网电压支撑、功率补偿、频率调节，提高系统稳定性和功率输送能力的要求。

超导储能系统的发展重点在于基于高温超导涂层导体研发适于液氮温区运行的兆焦级系统，解决高场磁体绕组力学支撑问题，并与柔性输电技术相结合，进一步降低投资和运行成本，结合实际系统探讨分布式超导储能系统及其有效控制与保护策略。超导储能系统在美国、日本、欧洲一些国家和地区的电力系统已得到初步应用，在维持电网稳定、提高输电能力和用户电能质量等方面发挥了重要的作用。

7.2.2.2 超级电容储能

1. 概述

超级电容器是根据电化学双电层理论研制而成，专门用于储能的一种特殊电容器，具有超大电容量，比传统电容器的能量密度高上百倍，放电功率比蓄电池高近10倍，适用于大功率脉冲输出。

超级电容器是近几年才批量生产的一种新型电力储能器件，是一种建立在德国物理学家亥姆霍兹所提出的界面双电层理论基础上的新型电容器，又称超大容量电容器、黄金电容、储能电容、法拉电容、电化学电容器或双电层电容器。不同于传统电源，超级电容器是利用极化电解质实现电能存储，电能存储过程中不发生化学反应，可以反复充放电数十万次。超级电容器是一种具有传统电容器和蓄电池双重功能的特殊电源，既具有静电电容器的高放电功率优势，又像电池一样具有较大电荷储存能力，其容量可达到法拉级甚至数千法拉级，同时具有功率密度大、循环稳定性好、工作温度范围广和环境友好等优点。自1957年美国人 Becker 发表第一个关于超级电容器的专利以来，超级电容器已广泛应用于电子通信系统、交通工具、航空航天以及国防军事科技等领域。

2. 工作原理

超级电容器是利用双电层原理存储电能的电容器，其工作原理如图7.11所示。与普通电容器一样，当在超级电容器的两个极板上施加外电压时，极板的正电极存储正电荷，负极板存储负电荷，在两极板上电荷产生的电场作用下，电解液与电极间的界面处形成极性相反的电荷用以平衡电解液的内电场，这样的正电荷与负电荷在固相和液相的接触面上，以正负电荷之间极短间隙排列在相反的位置上，这个电荷分布层称为双电层。当两极板间电势低于电解液的氧化还原电极电位时，电解液

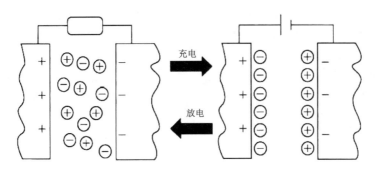

图 7.11　超级电容器工作原理

界面上电荷不会脱离电解液，超级电容器为正向工作状态；如电容器两端电压超过电解液的氧化还原电极电位时，电解液将分解，为非正常状态。在超级电容器放电过程中，正、负极板上的电荷被外电路释放，电解液的界面上的电荷相应减少。因此超级电容器的充放电过程始终是物理过程，没有涉及化学反应。

根据不同的储能原理，超级电容器分为电化学电容器（EC）和双电层电容器（DLC）两类。与飞轮储能和超导储能相比，超级电容器在工作过程中没有运动部件，维护工作极少，可靠性非常高，使得它在小型分布式发电装置中应用有一定优势。超级电容储能产品如图 7.12 所示。

（a）产品一

（b）产品二

图 7.12　超级电容储能产品图

7.2.3　电化学储能

电化学储能是通过化学反应将化学能和电能进行相互转换来储存能量，根据材料不同主要可分为铅酸蓄电池、钠硫电池、液流电池和锂离子电池等形式。一方面，电化学储能的能量密度与能量转换效率较高，且响应速度较快，能够有效满足电力系统调峰调频需求；另一方面，其功率和能量可根据不同应用需求灵活配置，几乎不受外部气候及地理因素的影响。

不同电化学储能方式的应用场合各有不同：铅酸蓄电池主要应用于汽车启停电源、电动自行车、储备电源、通信基站等；镍镉电池、镍氢电池主要应用于玩具、混合动力汽车、规模储能方面；锂离子电池主要应用于消费电子、电动汽车、电动工具、规模储能、航空航天等；钠硫电池、液流电池主要应用在规模储能方面。

7.2.3.1　铅酸蓄电池

铅酸蓄电池是一种传统的电池产品，如图 7.13 所示。自 1859 年发明至今已有165 多年的历史，但该产业的发展仍方兴未艾。铅酸蓄电池目前仍是化学电池中市场份额最大、使用范围最广的电池，销售额居二次电池之首，特别在启动和大型储能等应用领域，较长时期内尚难以被其他新型电池替代。

1. 性能特点

应用于电动汽车的新一代阀控式密封铅酸蓄电池不需维护，允许深度放电，可循环使用；但铅酸蓄电池比能量和比功率低是它的缺点，根本原因是金属铅的密度

（a）产品一

（b）产品二

（c）产品三

图 7.13 铅酸电池

大。功率密度虽可以通过增大电极的表面积来提高，却会增加侵蚀速度而缩短电池的使用寿命。充放电方式也会严重影响它的使用寿命，长期过充电产生的气体会导致极板的活性物质脱落，不适合放电到低于额定容量的 20%，反复过度放电同样导致寿命急剧缩短；此外，在没有定期充满的情况下会有硫酸盐晶体析出，硫酸盐晶体会使电池的孔隙度降低，限制活性物质的进入，导致电池的容量减小。在典型的混合动力汽车应用中，电池经常工作于一个高倍率部分荷电状态，使用寿命和性能表现会因此受到严重影响。

2. 结构

铅酸蓄电池的基本结构如图 7.14 所示。

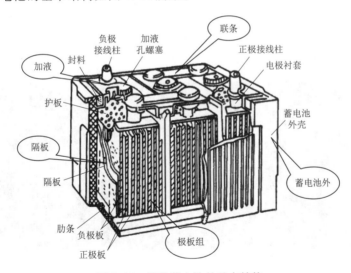
图 7.14 铅酸蓄电池的基本结构

极板是铅酸蓄电池的核心部件，正极板上的活性物质是二氧化铅，负极板上的活性物质是海绵状纯铅。

隔膜隔离正、负极板，防止短路，并作为电解液的载体，吸收大量的电解液，起到促进离子良好扩散的作用；同时还是正极板产生的氧气到达负极板的"通道"，以顺利建立氧循环，减少水的损失。

电解液由蒸馏水和纯硫酸按一定比例配制而成，主要作用是参与电化学反应，是铅酸蓄电池的活性物质之一。蓄电池槽中装入一定密度的电解液后，由于电化学反应，正、负极板间会产生约 2V 的电动势。

溢气阀位于蓄电池顶部，起到安全、密封、防爆等作用。

3. 应用范围

小型铅酸蓄电池主要用于便携式家用电器，如手提式吸尘器、磁带录像机、电动玩具、报警器、应急照明等，也大量用于计算机和小型不间断电源。中型铅酸蓄电池多用于启动、照明、点火等，如汽车、高尔夫车和自动导向车等都用这类电池。大型铅酸蓄电池广泛应用于邮电通信、瞬时备用电源、大型不间断电源、太阳能和风力发电系统的配套能源，在负载调峰用电方面也有较多应用。铅酸蓄电池在国内还主要应用于电动自行车、电动巴士等。

铅酸蓄电池经过 100 多年的发展，技术成熟，成本比镍氢蓄电池和锂离子蓄电池低得多，而民用蓄电池结构方面的新技术继续提高着铅酸蓄电池的性能，尤其是阀控铅酸蓄电池的比能量、比功率、使用寿命和快速充电性能等都高于普通铅酸蓄电池。因此，在一定时间内铅酸蓄电池仍然会在一些低端低速新能源汽车中得到使用。但是，铅对人体有毒，而且铅酸蓄电池性能大幅度提高的可能性不大，所以从长远来看，在新能源汽车领域，铅酸蓄电池将会逐渐被其他新型电池所取代。

7.2.3.2　锂离子电池

锂离子电池是目前应用最广泛的动力电池之一（图 7.15），其具有高能量密度、长寿命、环保等优点。然而，锂离子电池的安全性、充电速度以及成本等问题仍需进一步解决。目前，国内外科研机构和企业正在加大研发力度，提高锂离子电池的安全性和性能，同时降低其成本。

(a) 产品一　　　　　　　　(b) 产品二　　　　　　　　(c) 产品三

图 7.15　各种形式的锂电池

1. 结构

锂离子电池由正极、负极、隔膜、电解液和安全阀（井）等组成。圆柱形锂离子电池结构如图 7.16 所示。

（1）正极。正极在锰酸锂离子电池中以锰酸锂为主，在磷酸铁锂离子电池中以磷酸铁锂为主，在镍钴锂离子电池中以镍钴锂为主，在镍钴锰锂离子电池中以镍钴锰锂为主。在正极活性物质中再加入导电剂、树脂黏合剂，在铝基体上涂覆为细薄层。

（2）负极。负极由碳材料与黏合剂的混合物，加上有机溶剂调和制成糊状，并在铜基体上涂覆薄层形成。

（3）隔膜。隔膜起到关闭或阻断功能，大多使用聚乙烯或聚丙烯材料制成的微多孔膜。所谓关闭或阻断功能是在蓄电池出现温度异常上升时，阻塞或阻断作为离子通道的细孔，使蓄电池停止充放电反应。隔膜可以有效防止因外部短路等引起的过大电流

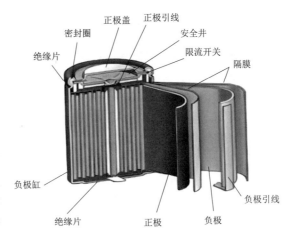

图 7.16　圆柱形锂离子电池结构

而使蓄电池产生异常发热现象。这种现象即使产生一次，蓄电池就不能正常使用。

（4）电解液。电解液是以混合溶剂为主体的有机电解液。为了使主要电解质成分的钾盐溶解，必须使用具有高电容率，并且与锂离子相容性好的溶剂，即不阻碍离子移动的低黏度的有机溶液为宜，而且在锂离子电池的工作温度范围内必须呈液体状态，凝固点低，沸点高。电解液对于活性物质具有化学稳定性，必须适应充放电反应过程中发生的剧烈的氧化还原反应。由于使用单一溶剂很难满足上述严苛条件，因此电解液一般混合不同性质的几种溶剂使用。

（5）安全阀（井）。为了保证锂离子电池的使用安全性，一般对外部电路进行控制或者在蓄电池内部设置异常电流切断的安全装置。但是，在实际使用过程中，仍可能因其他原因导致蓄电池内压异常上升，这时，通过安全阀释放气体，可以有效防止蓄电池破裂。安全阀实际上是一次性非修复式的破裂膜，一旦进入工作状态，可以保护蓄电池使其停止工作，因此是蓄电池的最佳保护手段。

2. 特点

动力锂离子电池由于其成本低、性能好及对环境友好等优势成为电动汽车的主要搭载电源。锂离子电池相对于镍氢电池和铅酸蓄电池，有以下优点：

（1）锂离子电池单体标称电压高达 3.6V，是镍氢电池的 3 倍，铅酸蓄电池的 2 倍。

（2）锂离子电池重量轻，比能量大，高达 150W·h/kg，是镍氢电池的 2 倍，铅酸蓄电池的 4 倍。因此重量是相同能量的铅酸蓄电池的 1/4。

（3）锂离子电池体积小，高达 400W·h/L，因此体积是相同能量的铅酸蓄电池的 1/3。

（4）锂离子电池寿命长，循环次数可达 1000 次，使用年限可达 3~5 年，寿命为铅酸蓄电池的 3 倍。

（5）锂离子电池自放电率低，每月不到 5%，是镍氢电池的 1/6。

（6）锂离子电池允许工作温度范围宽，低温性能好，可在 $-20\sim55℃$ 之间工作。

（7）锂离子电池无记忆效应，而镍氢电池有轻微的记忆效应。所以锂离子电池每次充电前不需要像镍氢电池一样放电，可以随时进行充电。电池放电深度对电池寿命影响不大，可以全充全放。

（8）锂离子电池中基本不存在有毒物质，无污染，可以说是绿色环保电池。

（9）锂离子电池正在向高性能（即高比能、长寿命、安全性）、低成本的方向发展，其主要研究热点是开发研究适用于高性能锂离子电池的新材料、新设计和新技术。

3. 应用范围

由于上述优点，目前锂离子电池的发展势头极为迅猛，已应用于笔记本电脑、移动电话、录像机、小型医疗保健设备、卫星电话、摩托车、电动自行车、照相机等领域，锂离子电池在电动汽车、航空、航天、航海和军事领域的应用研究也正在积极开展。

7.2.3　镍氢电池

镍氢（MH-Ni）电池是 20 世纪 90 年代发展起来的一种新型绿色电池（图 7.17），具有高能量、大功率、长寿命、无污染等特点，因而成为世界各国竞相发展的高科技产品之一。镍氢电池的诞生应该归功于储氢合金的发现。早在 20 世纪 60 年代末，人们就发现了一种新型功能材料——储氢合金，储氢合金在一定的温度和压力条件下可吸放大量的氢，因此被人们形象地称为"吸氢海绵"。其中有些储氢合金可以在强碱性电解质溶液中反复充放电并长期稳定存在，从而为人类提供了一种新型负极材料，并在此基础上发明了镍氢电池。

（a）产品一

（b）产品二

（c）产品三

图 7.17　各种镍氢电池

1. 结构

镍氢电池主要由正极、负极、极板、隔板、电解液等组成。

正极是活性物质氢氧化镍，负极是储氢合金，用氢氧化钾作为电解质，在正负极之间有隔膜，共同组成镍氢单体蓄电池。在金属铅的催化作用下，完成充电和放电的可逆反应。

极板有发泡体和烧结体两种，发泡体极板的镍氢电池在出厂前必须进行预充电，且放电电压不能低于 0.9V，工作电压也不太稳定，特别是在存放一段时间后，会有近 20％的电荷流失，老化现象比较严重。经过改进的烧结体极板的镍氢电池，其烧结体本身就是活性物质，不需要进行活性处理，也不需要进行预充电，电压平衡、稳定，具有低温放电性能好、不易老化和寿命长的优点。

图 7.18 所示为美国通用奥旺尼克（GM‐Ovonic）公司镍氢电池的结构。镍氢电池的基本单元是单体蓄电池，每个单体蓄电池都由正极、负极和装在正极和负极之间的隔板组成。每节蓄电池的额定电压为 13.2V（充电时最大电压为 16V），将蓄电池按使用要求组合成不同电压和不同容量的镍氢电池总成。该种镍氢电池比能量达到 70W·h/kg，能量密度达到 165W·h/L，比功率在 50％放电深度下为 220W/kg，在 80％放电深度下为 200W/kg，可以更大地提高电动汽车的动力性能。

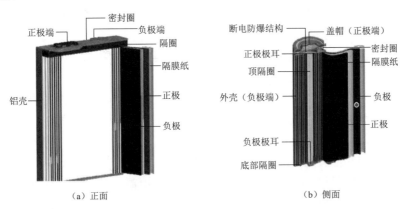

图 7.18　镍氢电池的结构

2. 特点

镍氢电池广泛应用受限的原因是其在低温时容量减小和高温时充电耐受性的限制；此外，价格也是制约镍氢电池发展的主要因素，原材料如金属镍非常昂贵。镍氢电池虽比铅酸蓄电池能储存更多的能量，但过放电会造成永久性损伤，荷电状态必须被限制在一个较小的范围内，电池储存的大部分能量并没有被实际使用，如丰田 Prius 只能使用电池 20％的能量。另外，是否能准确测量镍氢电池的荷电状态直接影响其使用寿命及充放电效率。而且镍氢电池具有较高的自放电效应，约为每月 30％或更多，这也是制约其在车辆上广泛应用的瓶颈。并且电池中含有大量的镍和钴元素，大批量生产和使用时价格不会下降反而上升，因而其应用前景受到一定影响。其主要特点如下：

（1）比功率高，目前商业化的镍氢功率型蓄电池能做到 1350W/kg。

（2）循环次数多，目前应用在新能源汽车上的镍氢电池，80％放电深度循环可以达 1000 次以上，为铅酸蓄电池的 3 倍以上，100％放电深度循环寿命也在 500 次以上，在混合动力汽车中可使用 5 年以上。

（3）无污染。镍氢电池不含铅、镉等对人体有害的金属，为绿色环保电源。

（4）耐过充过放。

（5）无记忆效应。

（6）使用温度范围宽。正常使用温度范围−30～55℃；储存温度范围−40～70℃。

（7）安全可靠。经短路、挤压、针刺、安全阀工作能力、跌落、加热、耐振动等安全性及可靠性试验测试，无爆炸、燃烧现象。

3. 应用领域

由于镍氢电池具有比镍镉（Ni-Cd）蓄电池高的比能量以及无毒性、无致癌物质等特点，在通信设备和其他一些小型移动性用电装置上逐步取代了镍镉电池，与此同时又逐渐向动力蓄电池方向发展。20 世纪 90 年代随着新能源汽车尤其是混合动力新能源汽车的规模化应用，镍氢动力蓄电池得到迅速的发展。

7.2.4　相变储能

相变储能是一种先进的能源储存和利用技术，通过利用物质相变的特性，将能量储存于相变材料中，并在需要时释放材料。它具有高能量密度、高效率、长寿命等优点，被广泛应用于热能存储、节能降耗、可再生能源利用等领域。相变储能包括显热储热、潜热储热和化学储热。

（1）显热储热是利用储热材料的热容量，通过升高或降低材料的温度而实现热量的储存或释放过程。在太阳能加热系统中，水是液体介质储热的主要选择，而岩石则常用于空气加热的系统中。

（2）潜热储热主要通过相变材料来实现。常见的相变材料有石蜡、盐的水合物和熔盐等，相变材料储热技术已在导热电子元件、恒温服装、节能建筑、清洁供暖等领域得到很好的应用。

（3）化学储热是在分子水平上进行储热，利用化学键的断裂或分解反应吸收能量，然后在一个可逆的化学反应中释放能量。这种方法比显热储热和潜热储热具有更高的能量密度。可以作为化学储能的热分解反应很多，但要便于应用则要满足一些条件：反应可逆性好、无明显的附带反应；正逆反应都应足够快，以便满足对热量输入和输出的要求；反应生成物易于分离且能稳定储存，反应物和生成物无毒、无腐蚀性和无可燃性等。当然，要完全满足这些条件是困难的。

从理论上讲，用于储热的化学物质可以储存很长一段时间而不损失任何储存的能量。而实际情况是完成这种转换和存储所需的化学物质要么在几个循环内降解，要么含有稀有而昂贵的元素钌。针对此问题，美国麻省理工学院研究了一种用碳纳米管制成的储存太阳能的化学储热材料，这种化学结构不仅比以前的含钌化合物更便宜，而且它的能量密度可以与锂离子电池相媲美。

7.3　核　电　池

核电池是一种利用核能转化为电能的装置，是目前人类研究的新兴能源技术之一（图 7.19）。与传统的化石燃料相比，核电池具有更高的能量密度和更持久的释放能力，可以为人类提供更加稳定和可持续的能源来源。

7.3.1 工作原理

核电池的工作原理是利用核反应中产生的热能来驱动发电机转动，进而产生电能。核反应是一种原子核的变化过程，在核反应中，原子核可以分裂或者聚合，释放出巨大的能量。这些核反应通常发生在一种特殊的物质中，称为核燃料。常见的核燃料有铀、钚等。通过控制核燃料的衰变速度和输出能量，可以实现核电池的稳定运行。

图 7.19 核电池

核电池是一种利用放射性核素产生的电子流来提供电力的电池。核电池的热源是放射性同位素。它们在蜕变过程中会不断以具有热能的射线的形式，向外放出比一般物质大得多的能量。这种很大的能量有两个优点：一是蜕变时放出能量的大小和速度，不受外界环境中的温度、化学反应、压力、电磁场的影响，因此抗干扰性强，工作准确、可靠；二是蜕变时间很长，这决定了核电池可长期使用。核电池采用的放射性同位素主要有锶-90（Sr-90，半衰期为28年）、钚-238（Pu-238，半衰期为89.6年）、钋-210（Po-210，半衰期为138.4天）等长半衰期的同位素。将它制成圆柱形电池，燃料放在电池中心，周围用热电元件包覆，放射性同位素发射高能量的α射线，在热电元件中将热量转化成电流。

核电池的核心是换能器。目前常用的换能器称为静态热电换能器，它利用热电偶的原理在不同的金属中产生电位差，从而发电。它的优点是可以做得很小，但效率较低，热利用率只有10%～20%，大部分热能被浪费掉。在外形上，核电池虽有多种形状，但第一层都由合金制成，起保护电池和散热的作用；第二层是辐射屏蔽层，防止辐射线泄漏出来；第三层是换能器，在这里热能被转换成电能；第四层是电池的心脏部分，放射性同位素原子在这里不断地发生蜕变并放出热量。

7.3.2 特点

核电池是一种非常高效的能源转化装置，核反应中产生的能量源源不断，相比化石燃料燃烧释放的能量，核电池的能量密度更高，能够提供更大的功率，这使得核电池在航天、无人机和其他高能消耗设备中具有广泛的应用前景。此外，核电池的释放能力持久稳定，可以连续工作较长时间，从而提供可靠的能源供给。

与化石燃料相比，核电池具有更低的环境污染。当电能用完之后，核电池只需要更换核燃料，而不会产生大量的废气、废水和固体废物。核燃料资源相对丰富，可以循环使用，减少了对自然资源的依赖。这使得核电池成为一种非常可持续的能源形式，有助于缓解目前能源供需紧张的情况。

然而，核电池也面临着一些挑战和争议。首先，核电池的核燃料具有高度放射性，需要在使用和处理过程中特别小心谨慎。这要求对核燃料进行精确的控制和管理，以确保核电池的安全性和可靠性。同时，核电池的运行过程中会产生少量的放射性废物，如何妥善处理这些废物是一个重要的问题。

此外，核电池的运行成本较高，包括核燃料的提取和加工、设备的建设和维护等。当前，核电技术还处于发展的初级阶段，尚需进一步研究和改进，以降低核电池的成本，并提高其效率和性能。

7.3.3　应用领域

1. 航天领域

宇宙航行对电源的要求非常高，除了功率必须满足要求外，不仅要求体积小、重量轻和寿命长，还要能经受宇航中各种苛刻条件的考验。核电池可以满足各种航天器对电源的长期、安全、可靠供电的要求，被航天界普遍看好并广泛应用。

2013 年 12 月 14 日，嫦娥三号探测器成功携带核电池在月球表面着陆，这在我国航天史上具有里程碑意义。核电池在探测器移动、探索工作和与地球之间的通信中发挥了重要作用，确保了探测器和着陆器在月表极寒温度下的正常运行。这次成功使我国成为全球少数几个掌握核电池上太空技术的国家之一。

随着人类航天活动的日益拓展，必然对空间电源提出新的需求，同位素电池成为航天技术进步的重要工具（图 7.20）。

（a）方式一　　　　　　　　　　　　　　（b）方式二

图 7.20　核电池应用在航天技术上

2. 航海、航空导航等领域

处于深海、远海、急流险滩处的灯塔和导航浮标等需要的能源必须保证寿命长，通常的太阳电池、燃料电池和其他化学电池很难胜任，而采用核电池，能保证光源几十年内不换电池，不用为经常更换电池和维修发电机而烦恼。

核电池可用作水下监听器的电源，还有一些海底设施，如海下声呐、各种海下科学仪器与军事设施、海底油井阀门的开关和海底电缆中继器等，所用核电池既能耐 5～6km 深海的高压，安全可靠地工作。

在终年积雪冰冻的高山地区、遥远荒凉的孤岛、荒无人烟的沙漠，还有南极、北极等，可以使用核电池建成自动气象站或自动导航站，实现自动记录和自动控制，常年无须更换和维修电源。

3. 医学领域

在医学上，这种体积小重量轻的长寿命的核电池已经广泛应用于心脏起搏器，全世界已经有成千上万的心脏病患者植入了核电池驱动的心脏起搏器。心脏起搏器的电源体积非常小，质量仅 100 多克，若用放射源为 238Pu，150mg 即可保证心脏起搏器在体内连续工作 10 年以上。如换用产生同样功率的化学电池，要保证同样的使用寿命，其重量几乎与成人的体重一样。核电池保证患者不必再为更换埋在体内已经不能再工作的化学电池而冒着生命危险，忍受极大痛苦，反复进行开胸手术。

4. 微型电动机械领域

微型电动机械（MEMS）是一个飞速发展的领域，从汽车安全气囊的触发感应器到环境监控系统的药品释放，微型电动机械已经应用到了人们的日常生活中，并有希望生产大量不同的具有创新意义的设备。但这些设备受到缺乏随机电源的限制，目前正在研究的解决方法包括燃料电池、矿物燃料以及化学电池都有其局限性，最大的问题就是体积太大。Cornell 大学和 Wisconsin Madison 大学在早期研发的核电池装置基本上就是由一小量 63Ni 放置在一个普通的 PN 结所组成。63Ni 所放射出来的粒子把二极管的原子电离，得到分离的空穴和电子对而产生电流。在此基础上，又研发了改进的核电池能作为小型机械发电机的电源。

5. 手机等电子产品领域

最近，微型核电池技术已经被成功地引入到手机电池领域，并准备投产。微型核电池虽然只有纽扣般大小，主要成分是 235U，但拥有在手机第一次使用后能够连续提供 1 年以上待机时间的电量，从而使厂商节省了生产充电器的成本。另外，在手机中，射频滤波器占用了相当多空间，且这些微型电动机械滤波器需要相对较高的直流电压。一个微型核电池可以用以产生 $10 \sim 100V$ 的电压，直接对滤波器进行有效的供电。虽然还存在一些技术、成本和安全等方面的问题，但可以预见，等这些问题得到有效解决时，微型核电池很有希望安装在各种手提设备上。

6. 电动汽车领域

电动汽车是环保型汽车发展的一个方向，目前电动汽车所用的电池多为化学电池，体积庞大，增加了自身的负载，且也同样存在充电后使用时间短和寿命短的问题。当前，世界上有部分科学家大胆地提出在电动汽车上使用核电池的设想。随着航天、航空、深海等领域用核电池的成熟，核电池必将在汽车这一能源大户中得到应用。因此，可以预计在 21 世纪科学家们将会在电动汽车上应用一种长期工作不需维修、高效大功率、小体积、低成本的核电池。

综上所述，核电池作为一种新兴储能技术，具有巨大的潜力和前景。它可以为人类提供可持续、高能量密度的电能，为航天、无人机等高能消耗设备提供动力支持。然而，核电池的发展还面临一些技术和管理方面的挑战，需要人们的持续努力和研究，以确保核电池的安全和可行性，推动核能技术的进一步发展。

7.4　储能技术实习指导

7.4.1　实习目的

1. 熟悉储能利用技术。
2. 了解储能利用技术的应用。

7.4.2　实习内容

1. 储能技术工作原理。
2. 储能技术应用。

7.4.3　实习步骤

1. 教师讲授，学生认知。
2. 分组讨论，提高认识。

7.4.4　实习结果

1. 通过实习对储能利用技术有更深层次的认识。
2. 掌握储能技术的应用与开发。

7.4.5　撰写实习报告

第 8 章 冷热电联供技术

8.1 冷热电联供技术概述

8.1.1 冷热电联供技术概念、原理及组成

8.1.1.1 定义

冷热电联供即天然气冷热电联供，是以天然气作为一次能源，带动燃气轮机、微燃机或内燃机发电机等燃气发电设备运行，产生的电力提供给服务对象；系统发电后排出尾气中的余热，通过余热回收利用设备（如余热锅炉或者余热直燃机等），继续向服务对象供热、供冷的全过程。

冷热电联供是分布式能源的一种，可大大提高整个供能系统的一次能源利用率，实现能源的梯级利用，具有节约能源、改善环境、增加电力供应等综合效益，是城市治理大气污染和提高能源综合利用率的必要手段之一，符合国家可持续发展战略。2021 年 2 月，国家能源局在《关于因地制宜做好可再生能源供暖工作的通知》（国能发新能〔2021〕3 号）中提到，有序发展生物质热电联产，因地制宜加快生物质发电向热电联产转型升级。2021 年 2 月，国家发展改革委在《关于推进电力源网荷一体化和多能互补发展的指导意见》（发改能源规〔2021〕280 号）中提到，结合清洁取暖和清洁能源消纳工作开展市（县）级源网荷储一体化示范，研究热电联产机组、新能源电站、灵活运行电热负荷一体化运营方案。

冷热电联供还可以提供并网电力作为骨干电网的电源备份、相互补充；在对用户同时供应冷、热、电三种产品的过程中，充分利用一次能源（天然气）的热能，系统综合能源利用效率可达 90% 以上；同时，在支付同等天然气成本的基础上，获取电价及热价两种收益来源，增加系统运行的总体收入，使整个系统的经济收益及效率均相应增加。

由于冷热电联供技术在能源转换效率方面所具有的突出优势，使得其在世界各国的能源领域都具有显著地位。

8.1.1.2 工作原理

冷热电联供其原理是通过利用能量的多种形式，同时产生冷、热、电三种能量形式，以达到能源的高效利用。具体来说，冷热电联供的原理是通过在制冷循环中

加入热泵组件，将低温冷凝器中的余热转移到高温冷凝器中，使得高温冷凝器中的制冷剂被蒸发，从而达到制冷的目的。同时，热泵组件还可以产生热能，用于供热或生产热水等。此外，冷热电联供还可以通过热电效应产生电能，实现能量的综合利用。

总之，冷热电联供技术可以将热能、电能和冷能进行高效转换利用，不仅能够大大提高能源利用效率，还可以减少能源的浪费和环境污染。因此，冷热电联供技术有着广泛的应用前景和发展空间。

8.1.1.3　组成

冷热电联供系统一般由原动机（燃气轮机、微燃机或内燃机等）、发电机、废热回收装置（热交换器、余热锅炉等）、溴化锂吸收式制冷机等组成，在用户侧同时满足在冷、热、电三方面的使用需求。

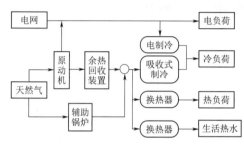

图 8.1　冷热电联供系统组成

冷热电联供系统的关键设备包括发电设备（燃气轮机发电机组、燃气内燃机发电机组等）、余热回收设备（换热器、余热锅炉）、氟化锂吸收式制冷机、辅助制冷设备（燃气热水锅炉、电制冷机组、太阳能热水系统等）。冷热电联供系统组成如图 8.1 所示。

8.1.2　冷热电联供技术的背景

冷热电联供系统是一种建立在能源梯级利用概念基础上，将制冷、制热（包括供暖和供热水）及发电过程一体化的智能系统。其最大的特点就是对不同品质的能源进行梯级利用，温度比较高的、具有较大可用能的热能被用来发电，温度比较低的低品位热能则被用来供热或制冷。这样不仅提高了能源的利用效率，而且减少了碳化物和有害气体的排放，具有良好的经济效益和社会效益。

初期的冷热电联供是在热电联供的基础上发展起来的，它将热电联供与吸收式制冷相结合，使热电厂在生产电能的同时供热和制冷，故初期只立足于热电厂。随着分布式供电概念的提出，冷热电联供得到新的发展，其中分布式供电是指将发电系统以小规模（数千瓦至 50MW 的小型模块式）、分散式的方式布置在用户附近，可独立输出冷、热、电能的系统。与常规的集中供电电站相比，其输配电损耗较低甚至为零，可按需要灵活运行排气热量实现热电联供或冷热电联供，提高能源利用率，可广泛运用于同时具有电力、冷热量需求的场所，如商业区、居民区、工业园区、医院等。

从装机规模来看，截至 2022 年年底我国热电联供装机容量约为 5.92 亿 kW。在政策的大力支持下，我国热电联供行业发展迅速，迎来建设热潮。从中长期看，我国未来工业和居民采暖热力需求、电力需求仍将保持稳定增长态势，有效促进热电联供装机发展。

8.1.3 冷热电联供技术的发展现状

冷热电联供系统是一种能够同时产生冷、热和电能的集成能源系统,在能源利用效率和环境保护方面具有较大的潜力。

冷热电联供系统的技术发展方面主要包括热电联供技术和吸附式制冷技术。热电联供技术是指通过热能驱动热发电机产生电能的技术,它可以提高能源利用效率,减少二氧化碳排放。吸附式制冷技术是指利用吸附剂对吸附剂和被吸附物质之间的相互作用力进行控制,实现低温制冷的技术。随着先进材料和控制技术的发展,热电联供和吸附式制冷技术在冷热电联供系统中的应用得到了进一步的推广。

冷热电联供系统在供热、供冷和供电等领域具有广泛的应用前景。在建筑领域,冷热电联供系统可以实现建筑物的供热、供冷和供电 3 个功能的一体化,提高能源利用效率,降低能源消耗。在工业领域,冷热电联供系统可以应用于石化、钢铁、电子等行业,为生产过程提供节能环保的能源支持。在农业领域,冷热电联供系统可以用于温室大棚,为植物提供合适的温度和湿度条件。在交通领域,冷热电联供系统可以应用于电动汽车充电站,提供电能支持。

冷热电联供系统的发展还面临一些挑战。首先是技术难题,目前冷热电联供系统的关键技术仍需要进一步完善,如热发电机的效率提高、吸附剂的稳定性等;其次是经济问题,冷热电联供系统的建设和运行成本较高,需要提供相应的政策和经济支持;最后,冷热电联供系统的规模和布局也是一个挑战,如何合理安排冷、热和电的供需关系,是需要研究和实践的问题。

冷热电联供系统在技术发展和应用领域方面取得了一定的进展,但仍面临一些挑战。随着技术的进一步成熟和政策的支持,冷热电联供系统将有望在能源领域发挥更大的作用,提高能源利用效率,减少环境污染。

8.2 冷热电联供技术利用

8.2.1 天然气冷热电联供系统节能原理

冷热电联供系统工作过程如下:

利用天然气燃烧产生的高温烟气在燃气轮机中做功,将 30%～40% 的热能转换成高品位的电能,利用余热回收装置将燃气轮机排放的烟气、缸套冷却水、油冷器及中冷器冷却水的热量等四种形式进行回收。这四种形式的热量中,前两种是余热回收的主要来源,其中:烟气温度一般 400℃ 以上,可进入余热锅炉制蒸汽或热水,也可用于双效吸收式制冷采暖供热水;一级利用后的低温烟气(130～180℃)和缸套冷却水(85～90℃)可用于单效吸收式制冷采暖供热水,也可直接利用换热器进行采暖和供热水。冷热电联供能源梯级利用示意如图 8.2 所示。

从热力学第一定律来说,冷热电联供的节能原理就是能把能量"吃光榨尽"。

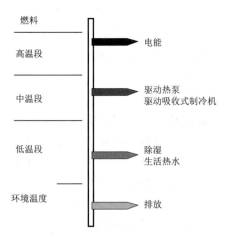

图 8.2 冷热电联供能源梯级利用示意图

天然气燃烧产生的热能通过梯级利用，使能源利用率达到 80% 以上，而且没有输电损耗。而大型发电厂的发电效率一般为 35%～55%，扣除厂用电和线损率，终端的利用效率只能达到 30%～48%。另外，冷热电联供在降低碳和空气污染物排放方面也能起到巨大的作用，带来良好的社会效益。

8.2.2 冷热电联供系统的常见模式及配置

8.2.2.1 冷热电联供系统分类

根据冷热电联供系统中发电机组的不同及系统主要功能的不同，冷热电联供系统可分为以下类型：

（1）以蒸汽轮机为发电机组的冷热电联供系统。其主要功能为供热和供电（如热电厂），夏季将一部分（或全部）供热能力转换成供冷能力，从而实现冷热电联供。

（2）以燃气轮机和蒸汽轮机为发电机组（即燃气轮机—蒸汽轮机联合循环发电）的热冷联供系统。系统主要功能是发电，供冷（热）是次要功能。

（3）供热（冷）及供电并重的区域式冷热电联供系统（CCHP）或建筑物内的冷热电联供系统（BCHP）。系统中的发电机组可采用燃气轮机发电机组（包括微燃机）、内燃机发电机组、外燃机发电机组或燃料电池。其中，燃机轮机发电机组和内燃机发电机组为常用发电机组。

8.2.2.2 冷热电联供系统常见的配置模式

1. 模式一：蒸汽轮机＋蒸汽型溴冷机

（1）工作原理。锅炉燃烧燃料产生的高温高压蒸汽进入蒸汽轮机推动涡轮旋转，带动发电机发电，发电后的乏汽或从蒸汽轮机中抽出的蒸汽用于驱动蒸汽型溴冷机供冷、进入汽水换热器换热对外供热水、直接对外供蒸汽。根据实际蒸汽品质（压力等），蒸汽型液冷机可采用双效或单效型机组。

（2）系统流程如图 8.3 所示。

（3）应用特点。根据对热电厂"以热定电"的要求，采用冷热电联供可以大大提高热电厂的用热量，提高热电厂的负荷率，提高经济效益。

夏季从汽轮机抽气或用乏汽驱动蒸汽型溴冷机制冷，以增大系统

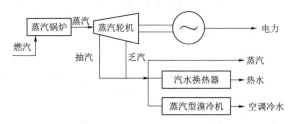

图 8.3 蒸汽轮机＋蒸汽型溴冷机系统流程图

用热量，可提高发电机组的发电量和发电效率，提高经济效益。

该模式适合于各种规模的火电厂或热电厂。

2. 模式二：燃气轮机＋余热锅炉＋蒸汽轮机＋蒸汽型溴冷机

（1）工作原理。燃料进入燃气机燃烧室燃烧，产生高温高压烟气推动燃气轮机发电机组发电，出燃气轮机的烟气（温度及压力仍然较高）进入余热锅炉，产生高温高压蒸汽推动蒸汽轮机发电机组发电，发电后的乏汽或从蒸汽轮机中抽出的蒸汽用于驱动蒸汽型溴冷机供冷、进入汽水换热器换热对外供热水、直接对外供蒸汽。根据实际蒸汽品质（压力等），蒸汽型液冷机可采用双效或单效型机组。

（2）系统流程如图 8.4 所示。

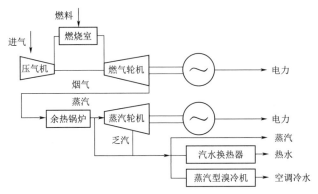

图 8.4　燃气轮机＋余热锅炉＋蒸汽轮机＋蒸汽型溴冷机系统流程图

（3）应用特点。燃气轮机—蒸汽轮机联合循环发电可以大大提高系统发电效率。采用冷热电联供可提高系统的用热量，提高电厂的负荷率，提高经济效益。

该模式适合于以燃气轮机—蒸汽轮机联合循环发电的冷热电联供系统。

3. 模式三：燃气轮机＋补燃型余热锅炉＋蒸汽轮机＋蒸汽型溴冷机

（1）工作原理。燃料进入燃气轮机燃烧室燃烧，产生高温高压烟气推动燃气轮机发电机组发电，出燃气轮机的烟气（温度及压力仍然较高）进入补燃型余热锅炉，与锅炉内燃烧燃料产生的热量一同加热，炉水产生高温高压蒸汽推动蒸汽轮机发电机组发电，发电后乏汽或从蒸汽轮机抽出的蒸汽用于驱动蒸汽型溴冷机供冷、进入汽水换热器换热对外供热水、直接对外供蒸汽。根据实际蒸汽品质（压力等），蒸汽型液冷机可采用双效或单效型机组。

（2）系统流程如图 8.5 所示。

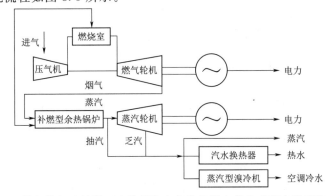

图 8.5　燃气轮机＋补燃型余热锅炉＋蒸汽轮机＋蒸汽型溴冷机系统流程图

（3）应用特点。燃气轮机—蒸汽轮机联合循环发电，可以大大提高系统发电效率。采用冷热电联供可提高系统的用热量，提高电厂的负荷率，提高经济效益。配置补燃型余热锅炉有利于根据系统的热、电、冷负荷合理配置燃气轮发电机组及蒸汽轮发电机组的机组容量，从而减少系统设备投资费用，提高系统运行经济效益。

该模式适合于以燃气轮机—蒸汽轮机联合循环发电的冷热电联供系统。

4. 模式四：燃气轮机＋烟气型溴冷机

（1）工作原理。燃料进入燃气轮机燃烧室煅烧，产生高温高压烟气推动燃气轮机发电机组发电，出燃气轮机的烟气直接进入烟气型溴化锂吸收式冷热水机组，驱动机组进行制冷（供热）运行，对外提供空调冷（热）水。

（2）系统流程如图 8.6 所示。

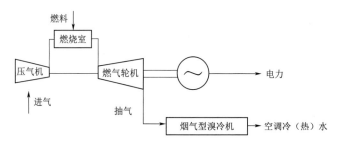

图 8.6　燃气轮机＋烟气型溴冷机系统流程图

（3）应用特点。燃气轮机单循环发电，有利于提高系统热（冷）量输出比例。燃气轮机排烟直接驱动烟气型溴冷机运行，可减少设备配置，降低设备投资费用，提高系统能量综合利用率。

该模式适合于以燃气轮机为发电机组的冷热电联供系统。

5. 模式五：燃气轮机＋烟气补燃型溴冷机

（1）工作原理。燃料进入燃气轮机燃烧室燃烧，产生高温高压烟气推动燃气轮机发电机组发电，出燃气轮机的烟气直接进入烟气补燃型溴化锂吸收式冷热水机组，驱动机组进行制冷（供热）运行，对外提供空调冷（热）水。当燃气轮机的排烟热量小于溴冷机空调负荷所需加热量时，机组的补燃系统启动运行，燃料进入补燃型溴冷机燃烧室燃烧，为机组提供补充热量。

（2）系统流程如图 8.7 所示。

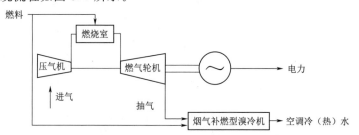

图 8.7　燃气轮机＋烟气补燃型溴冷机系统流程图

（3）应用特点。燃气轮机单循环发电，有利于提高系统热（冷）量输出比例。燃气轮机排烟直接驱动烟气补燃型溴冷机运行，可减少设备配置，降低设备投资费用，提高系统能量综合利用率。

配置烟气补燃型溴冷机有利于根据系统中的热（冷）电负荷合理配置发电机组和冷（热）水机组的容量，减少系统设备投资费用，提高系统运行经济性。

该模式适合于以燃气轮机为发电机组的冷热电联供系统。

6. 模式六：内燃机＋烟气热水型溴冷机

（1）工作原理。燃料进入内燃机燃烧室燃烧，使内燃机输出机械功带动发电机组发电，内燃机排放的高温烟气及缸套热水直接进入烟气热水型溴化锂吸收式冷热水机组，驱动机组进行制冷（供热）运行，对外提供空调冷（热）水。

（2）系统流程如图 8.8 所示。

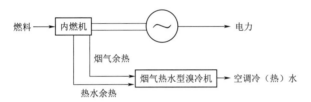

图 8.8　内燃机＋烟气热水型溴冷机系统流程图

（3）应用特点。内燃机排烟和缸套水直接驱动烟气热水型溴冷机运行，可减少设备配置，降低设备投资费用，提高系统能量综合利用率。

该模式适合于以内燃机为发电机组的冷热电联供系统。

7. 模式七：内燃机＋烟气热水补燃型溴冷机

（1）工作原理。燃料进入内燃机燃烧室燃烧，使内燃机输出机械功带动发电机组发电，内燃机排放的高温烟气及缸套热水直接进入烟气热水补燃型溴化锂吸收式冷热水机组，驱动机组进行制冷（供热）运行，对外提供空调冷（热）水。

（2）系统流程如图 8.9 所示。

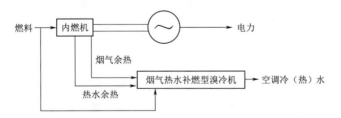

图 8.9　内燃机＋烟气热水补燃型溴冷机系统流程图

（3）应用特点。内燃机排烟和缸套水直接驱动烟气热水补燃型溴冷机运行，可减少设备配置，降低设备投资费用，提高系统能量综合利用率。配置烟气热水补燃型溴冷机有利于根据系统中的热（冷）电负荷合理配置发电机组和冷（热）水机组的容量，减少系统设备投资费用，提高系统运行经济性。

该模式适合于以内燃机为发电机组的冷热电联供系统。

8.2.3 分布式冷热电联产系统

8.2.3.1 分布式能源系统

分布式能源系统是相对传统的集中式供能的能源系统而言的，传统的集中式供能系统采用大容量设备、集中生产，然后通过专门的输送（大电网、大热网等）将各种能量输送给较大范围内的众多用户；而分布式能源系统则是直接面向用户，按用户的需求就地生产并供应能量，具有多种功能，可满足多重目标的中、小型能量转换利用系统。

分布式能源系统是美国于 1988 年颁布公共事业政策后正式开始推广建设，然后被其他先进国家接受，是直接面向用户提供各种形式能量的中小型终端供能系统，符合吴仲华先生提倡的"温度对口，梯级利用"科学用能原则，具有较高能源利用率、低能源成本、较高供能安全性以及更好的环保性能等优点而被推广。冷热电联产系统是分布式能源系统中前景最为明朗，也是最具实用性和发展活力的系统，直接面向用户，按用户需求提供电、冷、热以及生活热水等，同时解决多重用能需求和实现多重供能目标。

目前，燃气轮机和内燃机是冷热电联供系统中动力系统主要采用设备，1MW以下冷热电联产系统，内燃机占据了绝对主导地位，对 1～5MW 的冷热电联供系统，燃气轮机数量大约为内燃机的一半，但对于内燃机分布式冷热电联供系统的研究还处于起步阶段，当前多数只是对其布置形式及用途的分类或者具体案例性能的研究，研究还不够充分，特别是单元技术和系统集成技术，在我国的研究还处于较低水平。

8.2.3.2 燃气冷热电联供系统

燃气冷热电联供系统是一种建立在能量的梯级利用概念基础上，以天然气为一次能源，产生热、电、冷的联产联供系统。它以天然气为燃料，利用小型燃气轮机、燃气内燃机、微燃机等设备将天然气燃烧后获得的高温烟气：首先用于发电；然后利用余热在冬季供暖；在夏季通过驱动吸收式制冷机供冷；同时还可提供生活热水，充分利用了排气热量。一次能源利用率可提高到 80% 左右，大量节省了一次能源。

8.2.3.3 供应范围

燃气冷热电联供系统按照供应范围，可以分为区域型和楼宇型两种。区域型系统主要是针对各种工业、商业或科技园区等较大的区域所建设的冷热电能源供应中心。设备一般采用容量较大的机组，往往需要建设独立的能源供应中心，还要考虑冷热电供应的外网设备。楼宇型系统则是针对具有特定功能的建筑物，如写字楼、商厦、医院及某些综合性建筑所建设的冷热电供应系统，一般仅需容量较小的机组，机房往往布置在建筑物内部，不需要考虑外网建设。

8.2.3.4 燃气特点

与集中式发电—远程送电比较，燃气热电冷联供可以大大提高能源利用效率：大型发电厂的发电效率一般为 30%～40%；而经过能源的梯级利用 CCHP 使能源利用效率从常规发电系统的 40% 左右提高到 80%~90%，且没有输电损耗。

热电产生过程就是天然气燃烧产生热量，然后通过能量转换得到电能或机械能。天然气在燃气轮机或发动机中燃烧产生电能或机械能用于空气调节或压缩空气，泵水等，在这个过程中，热能没有浪费而被利用，并被广泛应用。废热回收锅炉生产蒸汽用于工艺加热、空气调节、空间加热及工商业蒸炉等。

以燃机为核心的燃气冷热电联供系统有多种方式，基本方式有两种。

（1）燃气机（包括内燃机、燃气轮机等）＋余热吸收式制冷机（余热直燃机），以天然气为燃料送入燃气轮机燃烧发电后，高温排气进入余热吸收式制冷机（余热直燃机），夏季供冷、冬季供热，根据冷负荷、热负荷的需要可补燃天然气。

（2）燃气机（包括内燃机、燃气轮机）＋余热锅炉＋蒸汽吸收式制冷＋电制冷机＋燃气锅炉的流程：天然气送入燃气轮机燃烧发电后，高温排气送入余热锅炉制取蒸汽，蒸汽经分汽缸至蒸汽溴化锂吸收式制冷机；冬季蒸汽经分汽缸至换热器制取热水供热。根据建筑群夏季的冷负荷需要，不足冷量由电动压缩制冷机提供；冬季不足热量由热泵和燃气锅炉提供。

两种燃气冷热电联供系统设备配置是基本的方式，依据具体工程项目的实际情况可以变化为多种系统和设备配置方式。对于采用燃气内燃机的 CCHP，由于该机型有两类以上的余热介质，即缸套等余热热水和高温排气余热等，其 CCHP 系统和设备的配置有一定差异，但其余热利用也是采用余热溴化锂吸收式制冷机或热水/蒸汽型溴化锂吸收式制冷机，也可将热水或蒸汽直接用于需要热水/蒸汽的场所。

作为一种能源集成系统，天然气冷热电联产技术负荷能源的梯级利用原则。通过各种热力过程的有机结合，使系统内的中、低温热能得以合理利用，相对于分产系统能源利用率可以大幅度提高。毫无疑问，天然气冷热电联产技术是节能减排的一个重要技术，在商业区、工业园区、建筑能源等系统中可以广泛地应用。

8.3　冷热电联供技术实习指导

8.3.1　实习目的

1. 熟悉冷热电联供技术。
2. 了解冷热电联供技术系统构成。

8.3.2　实习内容

1. 冷热电联供技术。
2. 冷热电联供技术系统构成。

8.3.3　实习步骤

1. 教师讲授，学生认知。
2. 分组讨论，提高认识。

8.3.4　实习结果

1. 通过实习对新能源科学与工程专业有更深层次的认识。
2. 提高了学习动力，对未来的就业和工作前景充满信心。

8.3.5　撰写实习报告

第9章 新能源汽车技术

新能源
汽车技术

9.1 新能源汽车概述

当前，"双碳"目标已经成为各行业发展共识。汽车产业作为减碳任务的主要领域，加快推进全产业链低碳化和脱碳化进程，实现全生命周期碳减排已势在必行。2023年在广州举办的"问路碳中和——2023汽车碳中和峰会"上，多位与会专家和业内人士共同探索中国汽车产业科学、高效减碳的路径，为全产业链实现碳中和提供了多角度、多维度、多元化的实践经验和创新思路。

我国汽车产业已进入从高速增长向高质量发展转型的关键时期，汽车行业的绿色低碳发展，对于我国能否顺利实现碳达峰、碳中和至关重要。因此，汽车行业碳减排是实现双碳目标的重要手段，发展新能源汽车是实现汽车"双碳"目标的必由之路。

新能源汽车是指采用非常规的车用燃料作为动力来源（或使用常规的车用燃料，采用新型车载动力装置），综合车辆的动力控制和驱动方面的先进技术，形成的技术原理先进，具有新技术、新结构的汽车。

9.1.1 新能源汽车的分类

按照范围的大小，新能源汽车可以分为广义和狭义新能源汽车。

广义新能源汽车，又称代用燃料汽车，包括纯电动汽车、燃料电池电动汽车这类全部使用非石油燃料的汽车，也包括混合动力电动车、乙醇汽油汽车等部分使用非石油燃料的汽车。目前存在的所有新能源汽车都包括在这一概念里，具体分为混合动力汽车、纯电动汽车、燃料电池汽车、氢动力汽车、燃气汽车等。

1. 混合动力汽车

混合动力汽车指装有两种动力源，采用复合方式驱动的汽车。车载动力源有内燃机机组、蓄电池、燃料电池、太阳电池等。当前的混合动力汽车一般由内燃机和蓄电池共同驱动。

混合动力汽车的特点是实现了内燃机与车载动力电源的有效互补。由于有发动机的辅助作用，现阶段蓄电池的性能水平已经可以满足使用要求。由于将刹车、减速时的能量损耗转化为电能，混合动力汽车能量利用率由传统汽车的50%～60%提高到 90％左右，节油率可达 20％～40％，尾气污染也减少近一半。

　　混合动力汽车的优势在于：采用混合动力后可按平均需用的功率来确定内燃机的最大功率，使内燃机在油耗低、污染少的最优工况下工作。当需要大功率时，由蓄电池来补充内燃机功率的不足；汽车工作在低负荷时，内燃机富余的功率可发电给蓄电池充电。由于内燃机可持续工作，蓄电池又可以不断得到充电，故其续驶里程和普通汽车一样。另外，汽车制动、下坡、怠速时的能量可以通过蓄电池方便地回收。在繁华市区，可以关停内燃机，由蓄电池单独驱动，实现"零排放"。内燃机可以方便地为耗能大的制冷、取暖、除霜等功能提供足够的动力，且可以利用现有的加油站加油，并让蓄电池保持在良好的工作状态，不会发生蓄电池的过充、过放问题，延长了蓄电池的使用寿命，降低了使用成本。

　　但是混合动力汽车也存在一定的缺陷，如汽车生产成本较传统动力汽车高，长距离高速行驶不省油等。目前，混合动力汽车在我国得到较快的发展，部分车型已经进入量产阶段。

　　2. 纯电动汽车

　　纯电动汽车（图 9.1）是指以车载电源（高性能蓄电池）为动力，用电机驱动行驶的车辆。目前，车用蓄电池主要有铅酸电池、镍氢电池、锂离子电池等，锂离子电池因能量密度大、自放电小、无记忆效应等优点，是现阶段开发的重点。

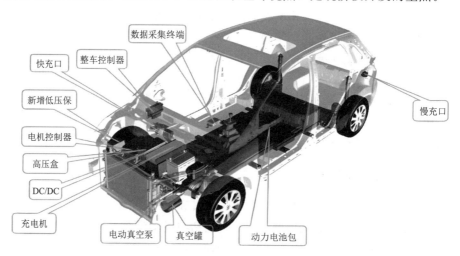

图 9.1　纯电动汽车

　　纯电动汽车的特点是动能来源广泛，可利用现行常规电源为蓄电池充电，实现使用时真正的零排放和低噪声。纯电动汽车本身不排放污染大气的有害气体，即使按所耗电量换算为发电厂的排放，除硫和微粒外，其他污染物也显著减少，且有利于污染物的集中处理。同时，由于电厂大多远离人口密集的城市，对人类伤害较小，而且电厂是固定、集中地排放，因此清除各种有害排放物相对较容易，也已有相关技术。

　　对于纯电动汽车，目前最大的障碍就是基础设施建设以及价格影响了产业化的进程。与混合动力汽车相比，纯电动汽车更需要基础设施的配套，需要各企业联合起来与当地政府部门一起建设，才有可能实现大规模的普及推广。

纯电动汽车的优势在于技术相对简单成熟，凡有电力供应的地方都能够充电。但由于目前蓄电池单位质量储存的能量较少，蓄电池价格较高，造成整车生产成本较高。整车的使用成本也由于蓄电池的寿命问题而增大。

3. 燃料电池汽车

燃料电池汽车是指以氢气、甲醇等为燃料，通过化学反应产生电流，依靠电机驱动的汽车。燃料电池（图 9.2）的种类有碱性燃料电池、质子交换膜燃料电池、磷酸型燃料电池、熔融碳酸盐燃料电池和固体氧化物燃料电池等。质子交换膜燃料电池具有小型、轻量化的特点，最适合在汽车上应用。

图 9.2　燃料电池

燃料电池汽车不存在续驶里程短的问题，但需要用少量电池或超级电容器来提高加速性能。直接以氢气为燃料，燃料电池汽车的排放物是水；以甲醇为燃料，排放物中有少量的二氧化碳。燃料电池的化学反应过程不会产生有害物质，所以燃料电池汽车是无污染汽车，而且燃料电池的能量转换效率比内燃机高 2～3 倍，因此从能源的利用和环境保护方面，燃料电池汽车是一种理想的车辆。

与传统汽车相比，燃料电池汽车的优势在于：能量转换效率高，零排放或近似零排放，减少了传统发动机机油泄漏带来的水污染，降低了温室气体的排放，提高了燃油经济性，运行平稳，噪声低。

燃料电池汽车的主要缺陷在于：制造成本和使用成本较高，储存燃料的装置复杂、笨重，汽车的启动时间较长，如以氢气为燃料的燃料电池汽车启动时间一般需要 3min，系统的抗震能力还有待进一步加强。

4. 氢动力汽车

氢动力汽车（图 9.3）是以氢为主要能量驱动的汽车。一般的内燃机通常注入柴油或汽油，氢动力汽车则改为使用气体氢。氢动力汽车已在本书 6.3.1.1 节中介绍，在此不再赘述。

5. 燃气汽车

燃气汽车（图 9.4）是指用压缩天然气、液化石油气和液化天然气作为燃料的汽车。车用压缩天然气一般被压缩为 20～25MPa。可将天然气，经过脱水、脱硫净化处理后，经多级加压制得，然后再泵入连接至汽车后部、上部或支架的高压筒形

图9.3 氢动力汽车

气瓶,其使用时的状态为气体。燃气汽车主要以天然气为燃料。其一氧化碳排放比汽油车减少90%以上,碳氢化合物排放减少70%以上,氮氧化合物排放减少35%以上,是较为实用的低排放汽车。燃气汽车由于其排放性能好,可调整汽车燃料结构,运行成本低,技术成熟,安全可靠,所以被世界各国公认为当前最理想的替代燃料汽车。燃气汽车已得到推广应用。

图9.4 燃气汽车

6. 其他新能源汽车

除以上介绍的新能源汽车以外,还有燃用生物燃料或掺有生物燃料的燃油汽车,如乙醇、二甲醚、生物柴油等。与传统汽车相比,采用此类燃料的汽车结构上不需要做太大的改动,排放性能较好。在石油资源日益紧张的今天,车用内燃机使用燃料的多元化是发展趋势。

目前国内使用比较成熟的替代燃料主要是乙醇,在汽车上使用乙醇,可以提高燃料的辛烷值,增加氧含量,使汽车缸内燃烧更完全,可以降低尾气有害物的排放。乙醇汽车的燃料应用方式主要是掺烧,即乙醇和汽油掺和应用。

9.1.2 新能源汽车的发展现状

9.1.2.1 新能源汽车发展背景

受到汽车保有量提升影响,我国能源危机越发严峻,迫切需要采取有效解决措施。另外，汽车的运行不可避免会造成环境污染，同样需要予以格外注意。因此，通过加大对新能源汽车的研发以及推广工作，能够在降低我国燃油、汽油需求的同时，有效解决环境污染问题，有利于净化城市空气，塑造更加健康的城市形象。

相关调查显示，当前我国新能源汽车种类较多。在遵从国家政策的基础上，加大对储能技术的研究力度。近年来，纯电动汽车、插电式混合动力汽车在我国应用较为广泛。《节能与新能源汽车产业发展规划（2012—2020 年）》（国发〔2012〕22 号）从节能着手，围绕新能源汽车，完成了相应的战略部署工作，并出台了相关政策措施，确保能够有效提升新能源汽车产业培育速度。在明确技术路线的基础上，应逐步完成产业发展主要任务。在实际规划过程中，应切实加强充电设施建设，并确保能够为新能源汽车产业提供有效保障。同时，应始终坚持科学规划工作，并切实落实技术开发，通过逐步探索出与技术相匹配的商业运营模式，并将其应用到实际管理工作中，提升充电基础设施建设效果。

以规划电动汽车市场作为重点，相关部门进一步下达了相应的文件，为新能源汽车产业提供有效政策补贴，可有效推进新能源汽车市场稳步发展。

9.1.2.2 国际新能源汽车发展现状

近年来，在各国优惠政策扶持和推动下，全球电动汽车市场呈快速增长态势，中国电动汽车表现尤为亮眼。电动汽车产业的加速发展，不仅引领汽车行业重大变革，也推进交通领域持续低碳转型。全球新能源汽车市场呈现指数级增长，2022 年销量突破了 1000 万辆，渗透率达到 14%（2021 年的渗透率约 9%、2020 年的渗透率不到 5%）。IEA 统计，新能源汽车销量在 2023 年继续保持强劲增长，到 2023 年年底的销售量已达到 1400 万辆，同比增长 35%。

《2023 年全球电动汽车展望》报告指出，目前全球绝大多数电动汽车销量集中在中国、欧洲和美国 3 个主要市场。2022 年，中国市场占到全球电动汽车销量的 60%，目前全球已售出的电动汽车一半以上在中国。同年，欧洲和美国的电动汽车销售额分别同比增长 15% 和 55%，欧洲新销售汽车中电动汽车占比超过 1/5。

其他地区的电动汽车销售也呈现快速增长态势。2022 年，马来西亚、泰国、新加坡、印度尼西亚、菲律宾和越南等 6 个东南亚国家的新能源汽车销量超 5.1 万辆，较 2021 年增长约 219%。以该地区最大新能源汽车市场泰国为例，2022 年该国电动汽车销量实现翻倍。在南亚地区，2022 年印度的电动汽车销量也增长两倍多，市场份额上升至 1.5%。在拉美地区，2022 年智利市场上共有 95 种电动汽车新车型在售，新登记的零排放和低排放汽车数量同比增长 106.2%。

9.1.2.3 国内新能源汽车发展现状

随着技术的发展和基础设施的完善，新能源汽车的普及程度越来越高，消费者对新能源汽车的接受度也在逐渐提高。政府的政策推动和车企的技术创新，使得新能源汽车的性价比不断提升，目前我国已经成为全球最大的新能源汽车市场。据统计，2021 年全球电动汽车销量 676.8 万辆，同比增长 108.63%；2022 年全球电动汽车销量达 1052.2 万辆，同比增长 55.47%。其中，中国作为全球最大的新能源汽车市场，2022 年我国新能源汽车产量为 705.82 万辆，同比增长 96.9%；2022 年我国新能源汽车销量 688.7 万辆，同比增长 93.4％，渗透率达到 25.6％，提前完成《新能源汽车产业发展规划（2021—2035 年）》（国办发〔2020〕39 号）中设置的 2025 年的阶段性目标，进入规模扩张的爆发期和全面市场化的拓展期。

9.1.2.4　我国新能源汽车发展存在的问题

近年来，国内新能源汽车的发展进程中，市场"遇冷"主要受以下因素影响：

（1）国内充电站和蓄电池交换站等新能源汽车基础配套设施建设进程缓慢，覆盖面不广。虽然政府大力鼓励和扶持新能源汽车发展，企业也纷纷响应，但由于各地及企业充电站、充电桩的设备标准不统一、各自为政，导致企业在研发、生产、营销等方面产生混乱，拖累了新能源汽车整个发展进程。

（2）市场风险较大。在新能源汽车产业发展的漫长阶段中，作为初级阶段的研发也好，作为中后期的生产和销售环节也好，投入大量的成本是不可缺少的条件，与此同时国内外市场竞争日渐激烈，而且投资和消费也具有不确定性，假如在最后销售环节新能源汽车得不到消费者的认可，将产生很大的风险。研发生产制造出来的新能源汽车，消费者不购买，势必将导致新能源汽车生产商的投资成本血本无归，生产商的市场竞争力也会随这种恶性循环逐步下降，厂商发展新能源汽车产业的积极性也将极大受挫。

（3）消费者对新能源汽车概念认知不足。国内消费者对于电动汽车几乎没有太多的认知，大多数消费者只是听说过电动汽车但缺乏深入的了解。不少消费者对新能源汽车的安全性和操控便捷性存有质疑，而事实上新能源汽车是操作简易、安全可靠的产品。总体而言，随着国家对能源、环保和空气质量的日益重视，新能源汽车将成为未来汽车发展的一大趋势。近几年来，政府对新能源汽车发展出台了诸多利好政策，而本土新能源汽车品质也有显著提升，与国外新能源汽车相比不分伯仲。因此，解决阻碍新能源汽车发展的几大因素是发展新能源汽车市场的关键。

（4）核心技术缺乏。在我国已经初步形成"三纵三横二平台"的技术研发系统中，目前关键核心技术仍受到很大程度的制约，特别是电池、电控、电机等方面的核心技术非常落后，在蓄电池等核心技术方面缺乏安全性以及可靠性。企业没有切实有效地做到产学研相结合，导致技术方面创新不足，研发方面精准度不高，基础方面技术薄弱，致使产业发展后劲严重不足。我国的新能源汽车技术与国际水平之间犹如存在一条巨大的鸿沟，并且存在明显的技术短板。电池的弱点尤为明显，体现在三个方面：首当其冲要算续航里程短；其次是较短的使用寿命；事关重大的安全性也得不到保障。

9.2　新能源汽车电池技术

动力电池技术发展现状随着全球能源危机和环境污染问题的加剧，新能源汽车成为汽车产业未来发展的重要方向。而作为新能源汽车的核心部件，动力电池的技术发展水平直接影响了新能源汽车的性能和安全性。

9.2.1 新能源汽车用蓄电池性能指标

1. 电压

蓄电池的电压（端电压）是指其正极与负极之间的电位差，单位为伏特（V），是表示动力蓄电池性能与状态的重要参数之一。

（1）开路电压。开路电压是动力蓄电池未向外电路输出电流时的端电压。蓄电池在充足电状态下的开路电压最高，随着蓄电池放电程度的增加，蓄电池的开路电压会相应降低。

（2）放电电压。放电电压是蓄电池向外输出电流时的端电压。放电电压也称为工作电压，蓄电池在放电时的放电电流越大，放电电压就越低；在同样的放电电流下，随着蓄电池的放电程度增加，其放电电压也会相应降低。

（3）充电电压。充电电压是在充电电源对蓄电池进行充电时蓄电池的端电压。充电电流越大，蓄电池内的极化（欧姆极化、浓差极化、电化学极化）就越大，充电电压也就越高；在同样的充电电流下，蓄电池充电初期的充电电压较低，当蓄电池充足电时其充电电压达到最高。

2. 内阻

蓄电池的内阻主要与极板的材质、结构及装配工艺有关。不同的电解质呈现的电阻也不同。因此，不同类型的动力蓄电池，其内阻是不同的。对某种类型的动力蓄电池来说，随着放电程度的增加，其内阻也会相应增大。

3. 容量

蓄电池的容量是指在允许放电范围内所能输出的电量，单位为 Ah。容量用来表示动力蓄电池的放电能力。在不同条件下，动力蓄电池所能输出的电量（容量）是不同的。

（1）理论容量。理论容量是假设动力蓄电池极板上的活性物质全部参加电化学反应而输出电流时，根据法拉第定律计算出的电量。理论容量通常用质量容量（Ah/kg）或体积容量（W·h/L）表示。

（2）实际容量。实际容量是指充足电的蓄电池在一定条件下所能输出的电量。其值是在允许放电范围内，放电电流与放电时间的乘积。蓄电池的实际容量小于理论容量，当放电电流和温度不同时，其实际容量也会有所不同。

（3）i 小时放电率容量。充足电的蓄电池以某一恒定电流放电，放电 i 小时后将蓄电池放电至终止电压，此时蓄电池所能输出的电量称为 i 小时放电率容量，通常用 C_i 表示。

（4）额定容量。额定容量指充足电的动力蓄电池在规定的条件下所能输出的电量。额定容量是制造厂标明的动力蓄电池容量，为动力蓄电池性能的重要技术指标。在我国的国家标准中，用 3h 放电率容量 C_3 来定义新能源汽车用动力蓄电池的额定容量，用 20h 放电率容量 C_{20} 来定义汽车用启动型动力蓄电池的额定容量。

4. 能量

蓄电池的能量是指在一定的放电条件下，动力蓄电池所输出的电能，单位为

W·h 或 kW·h。动力蓄电池的能量表示其供电能力，是反映动力蓄电池综合性能的重要参数。

（1）标称能量。标称能量是指在一定的放电条件下动力蓄电池所能输出的电能。动力电池的标称能量是其额定容量与额定电压的乘积。

（2）实际能量。实际能量是指在一定的放电条件下动力蓄电池所能输出的电能。动力蓄电池的实际能量是其实际容量与放电过程的平均电压的乘积。

（3）比能量。比能量即质量比能量，是指动力蓄电池单位质量所能输出的电能，单位为 W·h/kg 或 kW·h/kg。动力蓄电池的比能量越高，汽车充足电后的行驶里程就越长。

（4）能量密度。能量密度即体积比能量，是指动力蓄电池单位体积所能输出的电能，单位为 W·h/L 或 kW·h/L。动力蓄电池的能量密度越高，新能源汽车的载重量和车内的空间就越大。

5. 功率

动力蓄电池的功率是指在规定的放电条件下，动力蓄电池单位时间所能输出的电能，单位为 W 或 kW。动力蓄电池的功率大小会影响新能源汽车的加速度和最高车速。

（1）比功率。比功率即质量比功率，是指动力蓄电池单位质量所能输出的功率，单位为 W/kg 或 kW/kg。动力蓄电池的比功率越大，汽车的加速和爬坡性能就越好，最高车速也越高。

（2）功率密度。功率密度即体积比功率，是指动力蓄电池单位体积所能输出的功率，单位为 W/L 或 kW/L。动力蓄电池的功率密度越高，新能源汽车的载重量和车内的空间就越大。

6. 寿命

动力蓄电池的寿命通常用使用时间或循环寿命来表示。动力蓄电池经历一次充电和放电过程称为一个循环或一个周期。在一定的放电条件下，当动力蓄电池的容量下降到某规定的限值时，动力蓄电池所能承受的充放电循环次数称为动力蓄电池的循环寿命。

不同类型的动力蓄电池，其循环寿命有所不同。对于某种类型的动力蓄电池，其循环寿命与充电和放电电流的大小、动力蓄电池的温度、放电的深度等均有关系。

9.2.2　新能源汽车对蓄电池的基本要求

1. 比能量高

为了提高新能源汽车的续驶里程，要求新能源汽车上的动力蓄电池尽可能储存更多的能量，但新能源汽车又不能太重，其安装蓄电池的空间也有限，这就要求蓄电池具有高的比能量。

2. 比功率大

为了使新能源汽车在加速行驶、爬坡能力和负载行驶等方面能与燃油汽车相竞争，要求蓄电池具有大的比功率。

3. 充放电效率高

蓄电池中能量的循环必须经过充电—放电—充电的循环，高的充放电效率对保证整车效率具有至关重要的作用。

4. 相对稳定性好

蓄电池应当在快速充放电和充放电过程变工况的条件下保持性能的相对稳定，使其在动力系统使用条件下能达到足够的充放电循环次数。

5. 使用成本低

除了降低蓄电池的初始购买成本外，还要提高蓄电池的使用寿命以延长其更换周期。

6. 安全性好

蓄电池应不会引起自燃或燃烧，在发生碰撞等事故时，不会对乘员造成伤害。

9.3 燃料电池汽车技术

9.3.1 燃料电池汽车概念

燃料电池汽车是一种用车载燃料电池装置产生的电力作为动力的汽车。车载燃料电池装置所使用的燃料为高纯度氢气或含氢燃料经重整所得到的高含氢重整气。与通常的电动汽车比较，其动力方面的不同在于燃料电池汽车用的电力来自车载燃料电池装置，电动汽车所用的电力来自由电网充电的蓄电池。因此，燃料电池汽车的关键是燃料电池。

燃料电池是一种不燃烧燃料而直接以电化学反应方式将燃料的化学能转变为电能的高效发电装置。发电的基本原理是：电池的阳极（燃料极）输入氢气（燃料），氢分子（H_2）在阳极催化剂作用下被离解成为氢离子（H^+）和电子（e^-），H^+穿过燃料电池的电解质层向阴极（氧化极）方向运动，e^-因通过电解质层而由一个外部电路流向阴极；在电池阴极输入氧气（O_2），氧气在阴极催化剂作用下离解成为氧原子（O），与通过外部电路流向阴极的e^-和燃料穿过电解质的H^+结合生成稳定结构的水（H_2O），完成电化学反应放出热量。这种电化学反应与氢气在氧气中发生的剧烈燃烧反应是完全不同的，只要阳极不断输入氢气，阴极不断输入氧气，电化学反应就会连续不断地进行下去，e^-就会不断通过外部电路流动形成电流，从而连续不断地向汽车提供电力。与传统的导电体切割磁力线的回转机械发电原理也完全不同，这种电化学反应属于一种没有物体运动就获得电力的静态发电方式。因而，燃料电池具有效率高、噪声低、无污染物排出等优点，这确保了燃料电池汽车成为真正意义上的高效、清洁汽车。

为满足汽车的使用要求，车用燃料电池还必须具有高比能量、低工作温度、启动快、无泄漏等特性，在众多类型的燃料电池中，质子交换膜燃料电池完全具备这些特性，所以燃料电池汽车所使用的燃料电池都是质子交换膜燃料电池。

9.3.2 燃料电池电动汽车的发展概况

1. 燃料电池电动汽车的特点

燃料电池汽车采用燃料电池作为动力源。相比于内燃机汽车，燃料电池汽车主要有以下优点：

（1）因燃料直接通过化学反应产生电能，无热能转换过程，故不受卡诺循环的限制，能量转换效率高，实际能量转换效率高达50%～70%。

（2）当燃料电池使用氢燃料时，其排放的是水，无污染；当使用甲醇、汽油等其他燃料时，排放的一氧化碳比汽油车少1/2。

（3）燃料电池堆可由若干个单个电池串联或并联而成，可根据质量分配均衡和空间有效利用的原则，机动灵活地进行配置。

（4）燃料电池无运动部件，振动小、噪声低，零部件对机械加工精度要求不高。

2. 国内外燃料电池汽车的发展情况

近年来，全球燃料电池汽车市场呈现出快速增长的态势。根据国际能源署（IEA）的数据，全球燃料电池汽车销量逐年攀升，市场份额逐年扩大。特别是在欧洲、北美和亚洲的一些国家和地区，燃料电池汽车已经成为新能源汽车市场的重要组成部分。美国方面，美国能源部（DOE）一直在支持燃料电池技术的研发和推广。

美国的通用电气、福特、特斯拉等公司也在积极探索燃料电池汽车的商业化应用。美国的燃料电池技术和材料研究也处于领先地位。

日本在燃料电池研究方面也有着雄厚的实力。日本的丰田、本田等汽车制造商一直在开展燃料电池汽车的研发，并取得了一些突破性进展。日本的燃料电池技术在稳定性、效率等方面处于领先水平。

德国作为欧洲汽车工业的中心，也在积极推动燃料电池技术的发展。德国的大众、宝马等汽车制造商也在不断推出燃料电池车型，并投入大量资源进行研发和推广。

国内燃料电池技术的成熟度逐渐提升。从技术角度来看，国内燃料电池技术在催化剂、电解质膜、堆设计等方面取得了一些重要突破，提升了燃料电池的效率和稳定性。国内一些研究机构和企业也在开展氢气生产、储存和输送等相关技术的研究，为燃料电池的商业化应用奠定了技术基础。例如，2023年7月，上海印发《上海交通领域氢能推广应用方案（2023—2025年）》，提出重点发展重卡、公交、冷链、非道路移动机械等应用场景，到2025年，力争实现示范应用燃料电池汽车总量超过1万辆。

2023年12月，工业和信息化部、财政部、税务总局发布《关于调整减免车辆购置税新能源汽车产品技术要求的公告》。

9.3.3 燃料电池汽车的类型

虽然燃料电池汽车的历史不长，但是与纯电动汽车相比，燃料电池汽车无须依赖蓄电池技术性能的完善，与内燃机汽车相比，则具有环保、节能的优势。因此，燃料电池汽车已成为全世界新能源汽车开发的热点，且世界各国不断地开发出不同结构的燃料电池汽车。

9.3.3.1 按有无蓄能装置分类

根据燃料电池汽车是否配备蓄能装置，可把燃料电池汽车分为纯燃料电池汽车和混合型燃料电池汽车两大类。

1. 纯燃料电池汽车

纯燃料电池汽车的燃料电池是电动汽车上电能的唯一来源，如图9.5所示。这种类型的燃料电池汽车，要求燃料电池的功率大，并且无法回收汽车制动能量。因此，纯燃料电池汽车目前应用较少。

图9.5 纯燃料电池汽车动力系统示意图

2. 混合型燃料电池汽车

混合型燃料电池汽车上除燃料电池外，还同时配备了蓄能装置（如蓄电池、超级电容或飞轮电池等），如图9.6所示。由于蓄能装置可协助供电，因而可减小燃料电池的功率，且蓄能装置还可用于汽车制动时的能量回收，所以可提高燃料电池汽车的能量利用率。因此，燃料电池汽车多采用混合型结构。

图9.6 混合型燃料电池汽车动力系统示意图

9.3.3.2 按燃料电池与蓄电池的结构关系分类

根据混合型燃料电池汽车中燃料电池和蓄电池的电路结构，可将混合型燃料电池汽车分为串联式和并联式两种，如图9.7所示。

1. 串联式燃料电池汽车

串联式燃料电池汽车动力系统如图9.7（a）所示。其燃料电池相当于车载发电装置，通过DC/DC转换器进行电压变换后对蓄电池充电，再由蓄电池向电动机提供驱动车辆的全部电力。串联式燃料电池汽车的特点与普通的串联混合动力电动车相似。其优点是可采用小功率的燃料电池，但要求蓄电池的容量和功率要足够大，且燃料电池发出的电能需要经过蓄电池的电化学转换过程，从中有能量的转换损失。目前，串联式燃料电池汽车较为少见。

2. 并联式燃料电池汽车

并联式燃料电池汽车动力系统如图 9.7（b）所示。它由燃料电池和蓄电池共同向电动机提供动力。根据燃料电池与蓄电池能量大小的配置不同，又可将其分为大燃料电池型和小燃料电池型两种电动汽车。氢燃料电池汽车主要由燃料电池提供电力，蓄电池的容量较小，只是在电动汽车起步、加速、爬坡等行驶工况时协助供电，并在车辆减速与制动时进行能量回收。氢燃料电池电动汽车则必须采用大容量的蓄电池，由蓄电池提供主要的电力，而燃料电池只是协助供电。并联式是目前燃料电池汽车采用较多的形式。

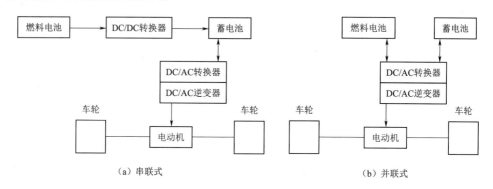

图 9.7 串联式和并联式燃料电池汽车动力系统

9.3.3.3 按提供的燃料不同分类

根据燃料电池所提供的燃料不同，燃料电池汽车又可分为直接燃料电池汽车和重整燃料电池汽车两大类。

1. 直接燃料电池汽车

直接燃料电池汽车的燃料主要是纯氢，也可以用甲醇等燃料。采用纯氢作燃料的燃料电池汽车，其氢燃料的储存方式有压缩氢气、液态氢和合金（碳纳米管）吸附氢等几种。

2. 重整燃料电池汽车

重整燃料电池汽车的燃料主要有汽油、天然气、甲醇、甲烷、液化石油气等。重整燃料电池汽车的结构要比氢燃料电池汽车复杂得多。比如，甲醇重整燃料电池汽车需要对甲醇进行 200℃ 左右的加热以分解出氢，汽油重整燃料电池汽车也需要对汽油进行 1000℃ 左右的加热以分解出氢。无论采用什么燃料，重整燃料电池汽车都需设置重整装置，将其他燃料转化为燃料电池所需的氢。

直接以纯氢为燃料的燃料电池汽车对储氢装置的要求较高。但与重整燃料电池汽车相比，直接燃料电池汽车的结构简单、质量轻、能量效率高、成本低。因此，目前的燃料电池汽车采用重整技术的相对较少，大都以纯氢为车载氢源。

9.3.4 燃料电池汽车的构成

燃料电池汽车与普通燃油汽车相比，其外形和内部空间几乎没有什么区别，不同之处在于动力系统。燃料电池汽车动力系统的基本组成部分有燃料电池堆、动力控制装置、辅助蓄能装置及驱动电机。图 9.8 所示为燃料电池汽车的基本构成。

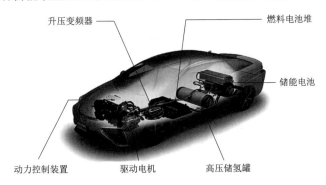

图 9.8　燃料电池汽车的基本构成

9.3.4.1　燃料电池系统

燃料电池系统的核心是燃料电池电堆。此外，其还配备了氢气供给系统、氧气供给系统、气体加湿系统、水循环及反应物生成处理系统等，用以确保燃料电池堆正常工作。

1. 氢气供给系统

氢气供给系统的功能包括氢的储存、管理和回收。由于气态氢需要采用高压的方式储存，因此，储氢气瓶必须有较高的品质。储氢气瓶的容量决定了一次充氢的行驶里程。轿车一般采用 2～4 个高压储氢气瓶，大客车通常采用 5～10 个高压储氢气瓶来储存所需的氢气。

液态氢比气态氢需要更高的压力进行储存，且要保持低温。因此，在使用液态氢时对储氢气瓶的要求更高，还需要有较复杂的低温保温装置。

不同的储氢压力，需要采用相应的减压阀、调压阀、安全阀、压力表、流量表、热量交换器、传感器及管路等组成氢气供给系统。在从燃料电池堆排出的水中，含有少量的氢，可通过氢气循环器将其回收。

2. 氧气供给系统

氧气供给系统有纯氧和空气两种供给方式。当以纯氧方式供给时，需要用氧气罐；当从空气中获得氧气时，需要用压缩机来提高压力，以确保供氧量，增加燃料电池反应的速度。空气供给系统除了需要有体积小、效率高的空气压缩机外，还需配备相应的空气阀、压力表、流量表及管路，并对空气进行加湿处理，以确保空气具有一定的湿度。

3. 水循环系统

在燃料电池反应过程中，会产生水和热量，需要通过水循环系统中的凝缩器加以冷凝并进行气水分离处理，部分水可用于反应气体的加湿。水循环系统还用于燃料电池的冷却，以使燃料电池保持在正常的工作温度。

9.3.4.2　辅助蓄能装置

混合式燃料电池汽车还配备辅助蓄能装置。辅助蓄能装置可采用蓄电池、超级电容和飞轮电池中的一种组成双电源的混合动力系统，或采用蓄电池＋超级电容、蓄电池＋飞轮电池的三电源系统。

燃料电池汽车配备辅助蓄能装置的作用如下：

（1）在燃料电池汽车启动时，由辅助蓄能装置提供电能，带动燃料电池启动或带动车辆起步。

（2）在燃料电池汽车运行过程中，当燃料电池输出的电能大于车辆驱动所需的能量时，辅助蓄能装置可用于储存燃料电池剩余的电能。

（3）在燃料电池汽车加速和爬坡时，辅助蓄能装置可协助供电，以弥补燃料电池输出功率的不足，使电动机获得足够的电能，产生满足车辆加速和爬坡所需的电磁转矩。

（4）向车辆的各种电子设备、电器提供工作所需的电能。

（5）在车辆制动时，将驱动电动机转换为发电机工作状态，将车辆的动能转换为电能，并向辅助蓄能装置充电，以实现车辆制动时的能量回收。

9.3.4.3　驱动电动机

驱动电动机用于将电源所提供的电能转换为电磁转矩，并通过传动装置驱动车辆行驶。与纯电动汽车和混合动力汽车一样，燃料电池汽车用驱动电动机也可采用直流有刷电动机、交流异步电动机、交流同步电动机、永磁无刷直流电动机和开关磁阻电动机等。

不同类型的电动机具有不同的性能特点。燃料电池汽车通常是结合整车的开发目标，综合考虑各种电动机的结构与性能特点以及电动机的驱动控制方式和控制器结构特点等，选择适宜的驱动电动机。

9.3.4.4　电子控制系统

直接燃料电池汽车的电子控制系统包括燃料电池系统控制器、DC/DC 转换器、辅助蓄能装置能量管理系统、电动机驱动控制器及整车协调控制器等，各控制功能模块通过总线连接，如图 9.9 所示。

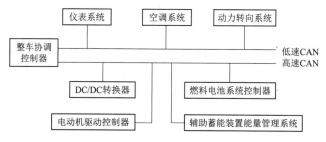

图 9.9　燃料电池汽车电子控制系统构成

1. 燃料电池系统控制器

燃料电池系统控制器用来控制燃料电池的燃料供给与循环系统、氧化剂供给系统、水/热管理系统并协调各系统工作，以使燃料电池系统能持续向外供电。

2. DC/DC 转换器

DC/DC 转换器用于改变燃料电池的直流电压，由电子控制器控制。电子控制器的作用是通过调节 DC/DC 转换器的输出电压，将燃料电池堆较低的电压上升至电动机所需的电压。DC/DC 转换器的作用不仅仅是升压和稳压，在工作时通过控制器的实时调节，还可使其输出电压与蓄电池的电压相匹配，协调燃料电池和蓄电池负荷，起到限制燃料电池最大输出电流和最大功率的作用，以避免燃料电池因过载而损坏。

3. 辅助蓄能装置能量管理系统

辅助蓄能装置能量管理系统对蓄电池的充电、放电、存电状态等进行监控，使辅助蓄能装置能正常地起作用，实现车辆在启动、加速、爬坡等工况下的协助供电，并在车辆运行时储存燃料电池的富余电能，实现汽车制动时的能量回馈。蓄电池能量管理系统通过对蓄电池电压、电流、温度等参数的监测，还可实现蓄电池的过充电、过放电控制，进行蓄电池荷电状态的估计与显示。

4. 电动机驱动控制器

电动机的类型不同，其控制系统的电路结构和工作原理也有所不同。总体上，电动机驱动控制器的主要控制功能有：电动机的转速与转矩调节、电动机工作模式控制（设有制动能量回馈的电动汽车）、电动机过载保护控制等。

5. 整车协调控制器

整车协调控制器基于设定的控制策略对各控制功能模块进行协调控制。一方面，控制器根据加速踏板传感器、制动踏板传感器、挡位开关送入的电信号判断驾驶员的驾车意图，并输出控制信号，通过相关的控制功能模块实现车辆的行驶工况控制；另一方面，控制器根据相关传感器和开关输入的电信号，获取车速、电动机转速、是否制动、蓄电池和燃料电池的电压和电流等信息，判断车辆的实际行驶工况和动力系统的状况，并按设定的多电源控制策略输出相应的控制信号，通过相应的功能模块实现能量分配调节控制。此外，整车协调控制还包括整车故障自诊断功能。

9.3.5 燃料电池汽车关键技术

1. 燃料电池系统

燃料电池技术是燃料电池汽车最关键的技术之一。燃料电池堆的净输出功率、耐久性、低温起动性及成本等直接影响燃料电池汽车的性能和发展。目前，降低燃料电池成本是燃料电池汽车研究的最重要目标，而控制燃料电池成本最有效的手段则是减少燃料电池材料（电催化剂、电解质膜及双电极等）的成本，降低加工（膜电极制作、双电极加工和系统装配等）费用。在降低燃料电池成本的同时，进一步提高燃料电池的性能，是目前燃料电池汽车技术研究的重点。此外，燃料电池系统还有许多需要攻克的工程技术难题，如系统的启动与关闭时间、系统的能量管理与变换操作、电堆水热管理模式以及低成本高性能的辅助装置（空气压缩机、传感器及控制模块）等。

2. 车载储氢装置

目前燃料电池汽车大都以纯氢为燃料。车载储氢装置对燃料电池汽车的动力性及续驶里程影响很大。如前所述，常见的车载储氢装置有高压储氢瓶、低温储氢瓶及金属氢化物储氢装置三种。除液态储氢方式外，目前的车载储氢装置的质量储氢密度和体积储氢密度均较低，而液态储氢需要很低的温度条件，其成本和能耗都很高。如何有效地提高体积储氢密度和质量储氢密度，是车载储氢装置研究的重点。

储氢气瓶采用质量轻、机械强度大的材料，一个常规的研究方案是通过减小储氢气瓶的质量和提高储氢压力来提高储氢装置的体积储氢密度和质量储氢密度；采用储氢材料与高压储氢复合的车载储氢新模式，即在高压储氢容器中装填质量较轻的储氢材料。这种储氢装置与纯高压储氢方式（大于40MPa）相比，既可以降低储氢压力（约10MPa），又可以提高储氢的能力。复合式储氢装置的技术难点是如何开发吸氢和放氢性能好、成形加工工艺好、质量轻的储氢材料。

3. 辅助蓄能装置

对于混合型燃料电池汽车而言，辅助蓄能装置性能的好坏、能量控制策略的优劣等对燃料电池汽车动力性和经济性的影响都很大。因此，研究与开发高性能的辅助蓄能装置，也是燃料电池汽车发展所必需的。

目前，燃料电池汽车用辅助蓄能装置主要有蓄电池、超级电容和飞轮电池3种。对用于燃料电池汽车的蓄电池来说，功率大、密度高、短时间大电流的充放电能力强尤为重要。目前，燃料电池汽车采用镍氢蓄电池的较多。锂离子蓄电池由于具有比能量大、比功率高、自放电少、无记忆效应、循环特性好、可快速放电等特点，已被一些燃料电池汽车用作辅助蓄能装置。相比于蓄电池，超级电容具有短时间内大电流充放性能好（可达蓄电池的10倍）、充放电效率高、循环寿命长等许多优点。作为唯一的辅助蓄能装置（FC＋C）或作为辅助蓄能装置之一（FC＋B＋C），超级电容在燃料电池汽车上的应用将会逐渐增多。

4. 电动机及其控制技术

电动机用于产生驱动车轮转动的电磁转矩，其性能对燃料电池汽车的动力性和经济性影响极大。与工业用电动机相比，燃料电池汽车用驱动电动机在最大功率、最高转矩、工作效率、调速性能等方面均有较高的要求。目前，燃料电池汽车上使用较多的主要是永磁无刷直流电动机、交流异步电动机、交流同步电动机及开关磁阻电动机等。研究与开发出功率更大、更加高效且体积小、质量轻的电动机，并配以更加先进可靠的电动机控制技术，也是燃料电池汽车发展所需要解决的关键技术之一。

5. 系统管理策略与电子控制技术

整车动力系统的优化设计，能量管理策略，整车热管理及整车电子控制（动力控制、能量管理、热管理及制动能量回馈等自动协调控制）等，对燃料电池汽车的动力性、经济性也起到了关键的作用。因此，整车动力系统参数的选择与最优化设计、多动力源的能量管理策略与最优化控制、整车热管理的最优化控制、整车各控制系统的协调控制等，均是燃料电池汽车发展必须面对的关键课题。

6. 耐久性与成本降低技术

提高燃料电池的耐久性和降低成本是燃料电池汽车商业化的关键。这包括提高燃料电池的寿命、降低材料成本、提高电池制造效率等方面的技术创新。

燃料电池汽车技术的发展还面临着诸多挑战，例如氢气储存和运输安全问题、高成本、能源效率、电池耐久性、产业链完善等方面的问题，需要不断进行科研创新和工程实践，以推动燃料电池汽车技术的进一步发展和应用。

9.3.6　燃料电池汽车存在的主要问题

　　燃料电池汽车有燃油汽车无法比拟的优势。但是，由于燃料电池汽车的性能、成本及燃料的供给配套设施等问题还尚待解决，因此完全替代燃油汽车还尚需时日。

　　1. 燃料电池汽车的性能还有待提高

　　与燃油汽车相比，燃料电池汽车的动力性、耐久性、起动性能（起动时间及低温起动）、续驶里程等均需要提高。

　　燃料电池是燃料电池汽车的核心部件，必须解决的问题是提高功率密度、耐久性和起动性能。

　　重整器是确保燃料电池汽车能使用纯氢以外燃料的关键部件。提高重整器的工作可靠性、循环寿命、起动性和负荷响应性，以及小型化和轻量化，是燃料电池汽车必须解决的问题。此外，开发实用型的汽油重整器具有极为重要的意义，因为当汽油重整器在燃料电池汽车上大规模使用时，燃料电池汽车燃料供给的基础设施可以与燃油汽车共用。

　　氢储存技术的提高是解决以纯氢为燃料的燃料电池汽车续驶里程问题的关键，未来目标是一次加氢的续驶里程能达到 500km 以上。

　　2. 制造成本和运行成本过高

　　制造成本和运行成本过高是燃料电池汽车商用化的最大障碍，而燃料电池汽车制造成本居高不下的最主要原因就是燃料电池价格昂贵。

　　在燃料电池中，无孔石墨双极板的成本（包括石墨板材料价格和加工费用）占了整个燃料电池系统成本的 50% 以上。无孔石墨板的优点是导电性好、质量轻、耐腐蚀，其缺点是机械强度低，不易加工且难以薄片化。如今世界上正在研究改用金属板或复合板作双电极，这不仅可以降低材料费用，而且可以减薄双极板、降低加工难度、实现大批量生产，从而较大幅度地降低燃料电池的成本，提高燃料电池的比功率。

　　质子交换膜的费用也较高，其成本在燃料电池系统中排第二位。目前，广泛采用的质子交换膜的工作温度极限是 85℃。为确保燃料电池正常工作，就必须消耗燃料电池 51% 的能量，以移走燃料电池工作所产生的热量，这就大大降低了燃料电池的比能量。提高质子交换膜材料的工作温度极限和降低膜的厚度，是提高燃料电池的比能量，降低成本的有效途径。

　　催化剂铂是昂贵的金属，减少其用量可有效降低燃料电池的成本，但现在的燃料电池催化剂铂的用量已减至很低的水平，因此单纯通过减少铂的用量来降低燃料电池的成本已较困难。提高铂的回收技术或寻求铂的替代品，成了降低燃料电池成本最有效的措施。

对氢燃料电池汽车，氢气的制备、储藏和运输成本要远高于汽油和柴油，因此燃料电池汽车的运行成本也较高。降低氢燃料的成本或研究与开发高效的汽油重整器，也是燃料电池汽车能被市场接受所要努力的方向。

3. 燃料供给体系的建立尚需时日

当大规模使用燃料电池汽车时，如何较为经济地获取氢，就成了燃料电池汽车应用必须解决的首要问题。虽然通过重整技术可将天然气、汽油等转化为燃料电池所需的氢燃料，但是这要消耗大量的能量，且未能摆脱对有限资源的依赖，也不能完全消除对环境的污染。通过热分解或电解的方法可以从水中获取氢，这虽然是一种取之不尽的制氢方法，但需要消耗较多的能源，不具备实用性。利用太阳能制氢是较有前途的制氢方法。太阳能发电厂通过电解水制氢，或利用太阳能直接分解水制氢等技术均处于研究与开发之中，此外，生物制氢技术也是获取氢源的有效途径。只有到了能以太阳能或其他再生能源获取廉价氢燃料的时候，燃料电池汽车的燃料问题才能根本解决。

在续航里程方面，尽管燃料电池汽车的续航里程通常优于传统内燃机汽车，但它们在低温环境下的性能仍受到一定影响。此外，燃料电池汽车的续航里程可能会因为驾驶习惯、道路状况等因素而降低；安全性方面，燃料电池汽车的高压系统和储氢罐等部件需要高度安全保障。任何故障或事故都可能导致严重的人身伤害和财产损失。因此，确保燃料电池汽车的安全性能至关重要；体积和质量方面，燃料电池汽车通常比传统内燃机汽车更大、更重，这可能会给用户带来不便。

只有当燃料电池汽车的性能及成本能与燃油汽车相抗衡，又有完备的燃料供给体系时，燃料电池汽车才能真正实现商用化。

9.3.7　燃料电池汽车未来发展趋势

1. 使燃料电池寿命得到延长

燃料电池自身的寿命会对燃料电池汽车行业的商业化发展造成较为直接的影响。从当前的国际燃料电池汽车行业发展来看，国外的研究与实践取得了较多的成果与突破，但是在燃料电池寿命方面的技术研究仍旧不足，这对燃料电池汽车行业的发展造成了严重的消极影响。生产的燃料电池混合动力汽车每台单车的使用寿命均在 11000h 以上。而这些车的使用寿命在 5000h 以下，因而如果是燃料电池寿命得到延长是相关科研人员应当重点关注的问题。

从电池自身来看，能够对其寿命造成干扰的因素有多种，包括燃料电池整车、汽车动力系统、燃料电池系统设计的合理性；电堆结构以及电极材料等。为了使燃料电池的寿命可以得到有效延长，未来的研究与设计可以集中在以下方面：①优化设计燃料电池动力系统，使其构型更加科学化合理化，科研人员应当确定好各种车辆的动力性指标，保证动力电池能够与汽车各系统相匹配，并对控制逻辑予以重视；②应当对燃料电池系统予以优化设计，应用空气再循环技术，保证工况可以得到稳定控制，并根据实际需求采取必要的启停机策略；③要对电堆结构层次予以合理设计，保证系统具备较强的水汽交换、气体扩散、内阻以及散热功能；④要明确电极材料层次，保证膜的质子传导能力以及催化剂活性的相应变化范围具有合理性。

2. 使系统成本得到降低

国外的研究认为，燃料电池系统生产成本与产量之间存在着负相关关系，也就是说，产量越高，则成本越低。近年来随着生成技术水平的不断提升，燃料电池系统的产量不断增加，而系统成本降低了约 50%，这对燃料电池行业以及燃料电池汽车行业的生产与发展来说是极为有利。在生产过程中，膜电极对应的成本在总成本中占据着较大的比例，其主要支出集中在催化剂方面。也就是说，要想实现对成本的有效控制，应当对膜电极生产中所需的原材料成本予以关注，加强对催化剂的研究与开发，使成本可以控制在较低的范围内。另外，也可以对燃料电池系统予以集成以及简化处理，加强对相关技术的研究，国外已经展开了电子器件的一体化研究，这对降低故障发生频率、降低生产成本来说有着重要意义。电磁阀以及高压储氢气瓶也是增加系统成本的重要因素之一，因而应当关注对高压气瓶生产的关注，积极研发碳纤维缠绕复合瓶，使成本有效降低。

3. 开展商业示范推广

加强研发燃料电池汽车技术的最终目的在于将其大规模投入生产，因此开展商业示范推广十分必要且重要。氢能是未来国家能源体系的重要组成部分。2022年，国家发展改革委、国家能源局联合研究制定的《氢能产业发展中长期规划（2021—2035年）》对外发布，指出"十四五"时期，我国将初步建立以工业副产氢和可再生能源制氢就近利用为主的氢能供应体系；燃料电池车辆保有量约 5 万辆，部署建设一批加氢站，可再生能源制氢量达到 10 万～20 万 t/年，实现二氧化碳减排 100 万～200 万 t/年。

9.4 新能源汽车充电桩技术

9.4.1 国内外新能源汽车充电桩发展现状

1. 国内新能源汽车充电桩现状

在政策支持以及科技进步驱动下，我国新能源汽车产业不断发展壮大，大力发展新能源汽车，积极响应国家绿色出行、节能减排政策，在一定程度上降低我国对于石油的依赖，有助于我国可持续发展。

2023 年，我国新增公共充电桩 92.9 万台，同比增加 42.7%；新增随车配建私人充电桩 245.8 万台，同比增加 26.6%；高速公路沿线具备充电服务能力的服务区约 6000 个，充电停车位约 3 万个。在公共充电桩中，快充桩数量占比已提升至44%。换电基础设施建设加快，2023 年，我国新增换电站 1594 座，累计建成换电站 3567 座。截至 2023 年年底，我国充电基础设施累计达 859.6 万台，同比增加65%。我国已建成世界上数量最多、辐射面积最大、服务车辆最全的充电基础设施体系。新能源汽车充电桩如图 9.10 所示。

图 9.10　新能源汽车充电桩

2. 国外新能源汽车充电桩现状

对美国电动汽车市场发展而言，严重滞后的充电基础设施配套建设正成为限制市场提速的重要因素。数据显示，2022 年，尽管美国市场中新能源汽车渗透率快速提升，达到 6% 左右，但其车桩比却骤增至 17∶1。面对发展如此不均的配套缺口，部分第三方机构认为，该市场此前预计的 50 万个公共充电桩建设预案显然不及变化，未来三年美国公共充电桩的市场复合增速有望达 80%，增至 191 亿美元规模。

9.4.2　新能源电动汽车充电技术

1. 传导充电技术

目前，纯电动汽车、插电式混合动力车在新能源汽车市场中较为常见，并且在购买时，将会配套赠予便携式充电线，可用于家庭充电使用。该充电方式主要为常规充电，也被称为慢充，即借助恒压、恒流方式完成汽车充电。以 50kW·h 蓄电池展开研究，在保持 10～16A 充电电流的情况下，充电后运行时间可超过 14～25h，对于居民而言，在晚上下班后对电动汽车进行充电，并持续到第二天，充电量可达到 1/2，按照 2～3 天充电一次的原则，该类汽车可有效满足居民日常出行需求。

考虑到居住条件，在环境支持的情况下，新能源汽车车主应加强与电网公司之间的联系，并通过沟通，将充电桩安装在固定车位中，便于后续车辆充电操作，进而提升电动汽车使用的便利性。同时，在充电速度为 1kW/h 的情况下，汽车电池充满需要 8～10h，能够在有效降低充电成本的同时，进一步确保电动汽车的运行稳定性。当前，这一方式在行业内的应用已经普遍化。正常而言，民用充电设备功率主要在 5～10kW 范围内，供电方式使用三相四线制，该方式充电电流相对较小，可有效延长电池使用寿命，但是也存在充电速率不足的问题。除上述充电方式外，快速充电方式在我国市场中也较为常见，以蓄电池充电居多，但是也对车载电池提出了更加严格的要求，并且在实际使用过程中，还要做好充电桩选择工作。需要结合具体电动车类型选择相应的快速充电方式，并且整个操作流程均需要以厂家说明作为参考。就目前而言，该类充电功率多在 30kW 以上，借助三相四线制完成供电。但是结合实际而言，充电速度提升也会使电池发热情况更加严重，进而影响电池使用寿命，因为该类充电方式往往需要一定的后期维护成本。

传导充电方式存在充电耗时长、充电局限、接口以及协议种类多样的问题。首先，与燃油车辆相比，该类汽车加注时间多在 2min 以内，但是无论使用哪一种传导方式，电动汽车达到 80％电量至少需要充电 15～30min。同时，受到传导充电形式影响，电动汽车充电需要以充电线作为媒介，其中，慢充充电线重量在 10kg 以上，快速充电由于充电直流电较大，充电线将会更加笨重，影响居民出行的便利性。另外，因为当前新能源汽车种类繁多，不同汽车充电接口以及协议也存在明显不同，使用充电桩也存在一定的差别，导致不同电动汽车无法匹配到相应的充电接口。

2. 电池更换技术

电池更换技术能够使电动汽车得到相应的电池包，在最短时间内对汽车动力电池进行更换，在解决以往电动汽车充电慢的问题方面优势显著，能够在有效提升汽车行驶距离的基础上，进一步优化居民乘坐以及出行的舒适感、便利感，有利于降低司机充电等待时间。通过对电池充电的集中调度，能够降低在电池更换站中充电对电网的影响，在提高电网规划科学性方面优势明显，有利于优化电网分布设置。相关研究表明，该技术潜在市场良好，我国相关新能源汽车品牌均可以支持电池快速更换服务，并且还可以使用在相关大型活动中，另外在交通领域，电池更换技术也能够起到良好的作用。例如，2022 年奥运会以及世博会期间电动公交车均使用了电池更换技术；目前在杭州，超过 200 辆电动出租车使用了电池更换技术。通过有效推行电池更换技术，能够有效提升电动汽车技术性，有利于进一步促进电动汽车发展。但是，该技术的应用同样存在一定的问题。例如，当前电动汽车生产厂家较多，并且不同生产厂家车型不同，电池种类也存在明显区别，而电池更换技术使用相对单一，服务对象主要为固定车型，并且在实际使用过程中，车主往往无法及时将电池更换需求向换电站传递，导致换电站无法接收到响应，这将会严重影响换电站运行效率，导致电池供应存在不稳定性。另外，结合实际工作而言，换电站布局位置也会在一定程度上影响电池更换效果。

3. 无线充电技术

目前，电缆连接充电在电动汽车使用中较为普遍，该连接方式具有较高的安全性，并且能够有效保障充电效果。但是在最终用户中，由于电缆相对笨重，不仅携带困难，并且在接头连接方面也存在诸多不便，在使用过程中容易存在缺陷。例如，如果车辆充电地点为机场或者车辆需要从一个地方移动到另一个地方，将无法重新连接电缆。针对这一情况，行业强调可通过使用无线充电技术，满足当前电动汽车充电需求，进一步提升充电技术应用优势。

当前无线充电技术中，电场耦合、无线电波在传输效率方面相对较低，无法满足电动汽车充电需求，因此，并没有被应用到实际中。当前行业主要应用电磁感应式、磁场共振式两种方式实现无线充电技术。落实无线充电技术，能够有效提升电动汽车充电便利性，但是该技术的应用同样存在相关问题。例如，当前无线充电技术应用效率相对较低，在充电峰值的情况下，充电效率仅为 90％，而通过传导充电，峰值效率可超过 95％。同时，无线充电原理会对充电传输功率造成制约影响。当前无线充电技术传输功率主要为 10kW，尚无法满足电动汽车充电需求。另外，无线充电技术还存在安全性问题，因为，车辆无线充电主要应用电磁方式，在充电密集的情况下，或者充电时与充电桩距离较近，将会增加辐射泄漏风险。当前无线充电技术不仅在新能源汽车方面得到应用，还进一步被应用到电子消费领域。在后续工作中，工作人员应进一步加大对无线充电技术缺陷的研究工作，进一步提高无线充电技术水平，有效提高其在新能源汽车产业中的使用价值。电动汽车无线充电技术如图9.11所示。

图 9.11　电动汽车无线充电技术

9.4.3　新能源电动汽车充电装置

充电桩是指为电动汽车提供能量补充的充电装置，其功能类似于加油站里面的加油机，可以固定在地面或墙壁，安装于公共建筑（公共楼宇、商场、公共停车场等）和居民小区停车场或充电站内，根据不同的电压等级为各种型号的电动汽车充电。充电桩的输入端与交流电网直接连接，输出端都装有充电插头用于为电动汽车充电。充电桩一般提供常规充电和快速充电两种充电方式，人们可以使用特定的充电卡在充电桩提供的人机交互操作界面上刷卡使用，进行相应的充电操作和费用数据打印，充电桩显示屏能显示充电量、费用、充电时间等数据。

1. 充电桩的工作原理

充电桩的工作原理是将电能从电源传输到电动汽车的电池中，以供其充电。充电桩包括充电接口、充电控制器、电源转换器和通信模块。

（1）充电接口。充电桩上的充电接口是用来连接电动汽车的充电插头。插头上有不同的引脚和接线，用于传输电能和数据信号。

（2）充电控制器。充电控制器负责管理电能传输，包括启动、停止、监测电流和电压，以确保安全充电。

（3）电源转换器。电源转换器将来自电网的交流电转换为适用于电动汽车充电的直流电。充电桩具有不同功率的电源转换器，以适应不同类型的电动汽车。

（4）通信模块。通信模块用于与电动汽车通信，包括启动充电、停止充电、传输充电数据和报告充电状态等功能。

2．充电桩的分类

充电桩根据其用途、安装位置和充电速度等因素进行分类。

（1）家用充电桩。这些充电桩安装在住宅区域，供个人家庭使用。它们通常具有较低的充电功率，用于在夜间或停车时为电动汽车充电。

（2）公共充电桩。这些充电桩安装在公共区域，如街道、停车场、购物中心等。它们通常具有较高的充电功率，能够更快地为电动汽车充电。

（3）快充桩。快充桩具有更高的充电功率，可以在短时间内充满电动汽车的电池。它们通常安装在高速公路服务区，用于长途旅行。

（4）直流快充桩。直流快充桩可以直接将直流电能传输到电动汽车的电池中，而无须经过电源转换。这种类型的充电桩能够更快地为电动汽车充电，适用于快速充电需求。

（5）交流充电桩。交流充电桩主要用于家庭和公共充电，通常具有较低的充电功率。它们适用于长时间停车时的充电需求。

（6）无线充电桩。无线充电桩使用电磁感应原理，无须物理插头，通过地面感应板将电能传输到电动汽车。这种技术仍在发展中，未来具有潜力。

（7）商用充电桩。商用充电桩通常安装在商业区域，如酒店、餐厅、加油站和公司停车场。它们为电动汽车提供充电服务，以吸引更多的客户和员工。商用充电桩可以包括快充和普通充电桩，以满足不同用户的需求。

（8）智能充电桩。智能充电桩具有与互联网连接的功能，可以通过手机应用或网页远程监控和控制。用户可以查看充电状态、预约充电时间和支付费用。这提高了充电的便利性和可操作性。

（9）网络充电桩。网络充电桩是具有通信能力的充电设备，可以实时传输充电数据和状态信息到云端服务器。这些充电桩通常与电动汽车运营商合作，以提供统一的充电服务。

9.4.4　充电桩应用方案

电动汽车作为一种发展前景广阔的绿色交通工具，今后的普及速度会异常迅猛，未来的市场前景也是异常巨大的。在全球能源危机和环境危机严重的大背景下，我国政府积极推进新能源汽车的应用与发展，充/换电站作为发展电动汽车所必需的重要配套基础设施，具有非常重要的社会效益和经济效益。

整体系统由电动汽车充电桩、集中器、电池管理系统（BMS）、充电管理服务平台等四部分组成。

1．电动汽车充电桩

电动汽车充电桩（栓）的控制电路主要由嵌入式 ARM 处理器完成，用户可自助刷卡进行用户鉴权、余额查询、计费查询等功能，也可提供语音输出接口，实现语音交互。用户可根据液晶显示屏指示选择 4 种充电模式，包括按时计费充电、按电量充电、自动充满、按里程充电等。

2．集中器

电动汽车充电机控制器与集中器利用 CAN 总线进行数据交互，集中器与服务器平台利用有线互联网或无线 GPRS 网络进行数据交互，安全起见，电量计费和金额数据实现安全加密。

3．电池管理系统

电池管理系统的主要功能是监控电池的工作状态（电池的电压、电流和温度）、预测动力电池的电池容量和相应的剩余行驶里程，进行电池管理以避免出现过放电、过充、过热和单体电池之间电压严重不平衡现象，最大限度地利用电池存储能力和循环寿命。

4．充电管理服务平台

充电管理服务平台主要有充电管理、充电运营、综合查询三个功能。充电管理对系统涉及的基础数据进行集中式管理，如电动汽车信息、电池信息、用户卡信息、充电桩（栓）信息；充电运营主要对用户充电进行计费管理；综合查询指对管理及运营的数据进行综合分析查询。

9.4.5　充电桩技术目前存在的问题及应对策略

9.4.5.1　存在的问题

1．充电桩数量不足

目前，我国新能源汽车市场快速增长，但充电桩数量却远远不能满足市场需求。由于充电桩建设需要投资巨大且时间较长，导致供需矛盾日益突出。这给人们使用新能源汽车带来了不便，也成为限制新能源汽车普及的一个重要因素。

2．充电速度慢

目前市场上主要存在两种类型的充电桩，分别是交流充电桩和直流充电桩。相比之下，直流充电桩的充电速度更快，但其建设成本高、占地面积大；交流充电桩虽然建设成本低、占地面积小，但充电速度较慢。这给用户带来了不便，也限制了新能源汽车的进一步普及。

3．充电服务不规范

目前市场上存在一些问题严重的充电服务行为，如乱收费、恶意占位等。这些行为不仅损害了用户权益，也影响了新能源汽车市场的良性发展。由于不同地区、不同运营商之间缺乏统一标准和规范，用户在使用过程中也会遇到一些困扰。

4．充电桩设备维护不及时

由于充电桩设备的长时间运行和频繁使用，存在设备故障和损坏的风险。然而，目前充电桩设备维护不及时的问题比较突出，导致出现了大量无法正常使用的充电桩。

5．充电桩与电网负荷平衡问题

新能源充电桩的快速增长给电网带来了巨大压力，尤其是在高峰时段。由于新能源充电需求较集中，很容易造成电网负荷不平衡和供电不足等问题。

6．充电桩接口兼容性差

新能源汽车应用十分复杂，具体体现在车型不一、应用场景繁杂、充电桩种类繁多等特点。各大新能源车企在充电问题上"各自为政"，互惠互通性不强，导致充电桩建设存在排异性，并且充电桩的国际标准仍有待完善。2015 年国家出台的标准由于不在强制认证项目中，且修改了部分触头和机械锁尺寸，虽然提到新老充电桩兼容，但国内部分充电运营商没有按照新国标改造老国标的充电桩，导致老旧车型与新国标充电桩不兼容。由于车辆车型不一以及自身设计问题，即使车辆插头与插座尺寸能够满足要求，但有可能出现无法充上电的情况。

9.4.5.2 应对策略

1. 落实优化激励政策

优化新能源汽车充电桩投资建设运营模式，逐步提高各小区和商场的充电桩覆盖率，加快推进非商业区和郊区的充电桩建设。对于城市公共充电网络，要综合考虑，合理进行布局；对于县城乡镇充电网络，要优化充电桩区域分布，加大新能源汽车宣传；对于高速公路充电桩和加气站等，应以直流充电和换电为主，提高道路通行效率。

优化新能源汽车充电服务，鼓励各地区出台充电基础设施建设补贴和运营补贴政策，加大对公用充电桩运营补贴力度。比如在郊区和老旧小区设立共享充电桩，将闲置资源对外开放，通过共享充电的方式来满足车主要求，能够较大地提升私桩的利用率，为私桩桩主带来收益的同时，还能节约充电成本。新小区则要做到高标准预留充电桩建设空间，如果小区充电桩数量不能满足业主实际需求，可以考虑建立道路充电桩。

2. 设计相关保险产品

新能源汽车自燃速度快且猛烈，若发生自燃现象后果严重。自燃等风险事件成为不少车主担心的重点，应将其纳入保障范围。2021 年 12 月，中国保险行业协会发布相关条款，将充电纳入"车辆使用过程"范围。建议在方案计划中，对可以降低理赔成本进行更精细化的定价，覆盖到示例条款中暂未提及的对换电模式等新商业模式的保险责任界定，将物联网技术风险、燃料电池汽车风险等纳入承保范围。建议保险公司对于在私人充电桩使用过程中造成的车辆损坏、家庭电路损坏、第三方财产损失和人员伤亡情况提供综合风险保障产品，朝着精细化、专业化、专属化方向发展。

保险产品还可以聚焦以下类型：

（1）充电桩专属质量类保险。

（2）针对公共充电桩，减轻公众财产损失和人员伤亡损失，匹配合理的充电桩公众责任险。

（3）由于维护和使用私人充电桩过程中存在一定的不规范性，还需针对个人提供综合风险保障产品。

3. 建立声誉管理机制

充电基础设施还可与区块链技术相结合，实行声誉管理机制。新能源汽车用户可以从安全系数、便捷程度、充电时长等对使用过的充电桩进行评价，该评价直接影响充电桩的声誉值，声誉值越高，证明该充电桩的便捷性、安全性越高，其他电动汽车用户使用概率就越大。建议建立国家级统一平台，纳入全国范围内的所有充电桩，并利用大数据技术，结合声誉值、快慢充和距离远近给用户智能推荐充电桩，还可加入物联网技术，实现远程操控，并将大数据共享给电力部门、汽车生产企业和充电桩运营商等，提高资源利用率。

4. 大力推进技术革新

建议地方政府出台高端技术人才引进政策，加大科研创新扶持力度，推动充电基础设施技术创新，提升高新技术支撑保障和市场服务能力，统一制定快充设施的 3 年专项行动时间表，明确建设规模、用地规划、充电容量等关键目标。针对充电效率低问题，建议研发大功率直流快充充电桩，明确快充充电桩规划方法，加强智能充电桩建设与运营。随着我国"双碳"目标提出，光伏充电桩与新能源汽车结合能有效提升可再生能源的应用比例，更好地实现低碳目标，可以探索光伏充电桩等新动能。

5. 大力研发快速充电技术

目前，市面上有直流快充和交流快充两种主要的电动汽车充电技术。

（1）直流快充技术。直流快充技术是目前应用最广泛的快速充电技术之一，直流快速充电设备如图 9.12 所示。相比于传统的交流充电，直流快充可以大幅缩短充电时间。其原理是通过使用高电流和高电压，将电能直接输送到电动汽车的电池中，使其在较短的时间内充完电。

图 9.12　直流快速充电设备

直流快充技术的充电桩通常由电缆、插头和充电机组成。用户只需将插头连接到电动汽车，并选择相应的充电功率即可开始充电。一些直流快充电桩还具备远程监控和远程控制功能，极大地方便了用户和管理人员的使用和管理。

（2）交流快充技术。与直流快充技术不同，交流快充技术使用的是交流电，通常通过三相交流电源来进行充电，交流快速充电设备如图 9.13 所示。由于一般住宅的电力供应都是交流电，因此交流快充技术具有更广泛的应用前景。不过，交流快充技术的充电速度相对较慢，需要更长的时间才能充满电动汽车的电池。

为了提高交流快充技术的充电速度，研究人员提出了一种新的充电模式，即直流充电模式。这种模式下，充电机会将交流电转换为直流电，通过直流方式进行充电，以提高充电速度。

快速充电技术的研究和应用对于解决新能源汽车的充电难题具有重要意义。它能够显著缩短充电时间，提高充电效率，使得用户能够更便捷地使用新能源汽车。与此同时，快速充电技术的发展也为新能源汽车的商业化应用和市场普及提供了坚

图 9.13　交流快速充电设备

实的技术基础。

9.5　新能源汽车技术实习指导

9.5.1　实习目的

1. 了解新能源汽车技术。
2. 熟悉新能源汽车电池技术。
3. 掌握新能源汽车充电桩技术。

9.5.2　实习内容

1. 新能源汽车概念。
2. 新能源汽车电池技术。
3. 新能源汽车充电桩技术。

9.5.3　实习步骤

1. 教师讲授，学生认知。
2. 分组讨论，提高认识。

9.5.4　实习结果

1. 通过实习对新能源汽车有更深层次的认识。
2. 提高了学习动力，对研究未来新能源汽车的工作前景充满信心。

9.5.5　撰写实习报告

第10章 太阳能供热系统案例分析

—— 以济南市华驿酒店供热系统设计为例

10.1 绪 论

10.1.1 案例目的和意义

随着经济发展和科技的进步，全球能源消耗量显著提高，能源短缺问题随之而来，当今社会最主要的社会问题就是能源与环境的问题。目前，在建筑行业中，使用的能源主要是不可再生能源，其产生的废弃物会对环境造成一定的污染。我国能源还有一个巨大的问题，就是消耗大、利用率低。随着生活水平的提高，人们对各个领域的要求越来越高，从而导致能源消耗的增长，应用太阳能供热系统是重要的措施之一，符合节约能源和可持续发展的理念，因此人们开始重视可再生能源的开发与利用。太阳能资源不但取之不尽、用之不竭，并且便宜、安全、绿色，无污染，这种优点也得到了人类的普遍接受，光热技术、光电技术、光化学技术等迅速发展起来。在太阳能供热利用中，一些局限性逐渐浮现出来：一些地区太阳能辐照时间比较少，太阳能供热的利用有一定限制；白天的高温会使集热器的温度升高，从而降低集热器的集热率；在夜晚或者下雨时，太阳的照射不足，就会造成太阳能无法供暖，使用辅助能源则会消耗大量的其他资源；周期较长的问题；在夜间气温较低时，房顶的水箱和集热器会有较大的热量损失。为了解决这些问题，人们不断地探索更有效的能源利用技术。太阳能供热系统结构简单、工作稳定，并且具有很高的工作效率，因此值得被广泛采用。

10.1.2 国内外太阳能供热系统研究现状和发展趋势

10.1.2.1 国外研究现状和发展趋势

在终端能源消费领域中，供热占比最高。根据全球能源机构的统计，2022年，供热占据所有终端能源的50%和二氧化碳排放量的40%。在整个热力消费中，工业生产领域大约占50%，房屋建筑（主要为采暖和热水供应）领域大约占46%，其他主要是农业部门。

在所有综合能源技术中，想要实现节能减排，最重要的方法就是提高能效。在整个供热行业中，人们最关注的焦点就是提高能源效率。在工业生产或者民用中，最频繁使用的设备便是锅炉。锅炉是通过燃烧产生的热量来对其工质进行加热，使之满足供暖需要。冷凝锅炉相较于其他锅炉所排放的尾气少，对环境污染也较小。国际能源署的统计资料表明，近年来在城市供暖系统中，传统的燃煤、燃气逐渐被冷凝式燃气锅炉所取代。目前，冷凝式燃气锅炉的效率已达到 $90\% \sim 95\%$，而传统的锅炉却根本无法实现这么好的效果。

供热能源种类众多，提高各类能源的效率是当务之急。区域供暖是一种灵活的能源系统，它能够有效改善能源的价值链，也可起到合并能源的作用。现在国外的低温供暖技术发展到了四代、五代，而这一代热网，更注重热源的灵活性。把能源系统中的电网和燃气网逐渐融合，这种方式可以将供热系统和其他工业余热进行融合，从而提高供热系统的效率。

世界上资源利用率比较高的发达国家也有不少，而丹麦作为其中一个代表，其地区供暖系统把各种可使用的可再生能源与其余资源加以集成，这里涉及多种供热形式，如太阳能供热、太阳能电锅炉、热泵技术等，把这些资源充分利用，可适应地区供热系统的发展需要。将来这种区域供热方式也会完全摆脱化石燃料，最后产生各种资源结合而且有效利用的能源网。

10.1.2.2　国内研究现状和发展趋势

国家政策鼓励支持发展供热节能产业，推动供热行业高效高质量发展。近年来，国家发布了很多法律法规和政策文件，目的是鼓励大家积极发展供热产业，促进供热行业发展，对于提高产业质量和水平具有积极作用。由于供热面积逐渐增加，集中供热投资增多，小区的新建和改造也需要供热，同时国家提倡绿色能源，因此供热行业有很大的发展空间。

集中供热在北方的供热方式中占主要地位，并且随着供热行业的发展，集中供热面积逐渐增加。集中供热是在工业集中地、居民集中居住领域建设集中热源，利用这种热源向企业和居民供热，这样的方式不仅可以充分利用能源，而且可以提高能源的利用效率，并且积极响应国家绿色环保的政策。随着城市化的不断推进，集中供热面积不断增长。据统计，2022 年中国的总供热服务面积约 117.5 亿 m^2。

整个供热行业竞争激烈。目前来看，国有电力和能源公司在本行业里有极大的竞争优势，其不仅在生产和供应上有很多的资源，而且本身技术上也有巨大的优势。除此之外，还有一些崭露头角的新能源企业和一些传统的热力公司，他们自身有着较为成熟的运营模式和较强的盈利手段。另外还有一些中小型热电公司，由于自身能力受限，他们只能为一些小型项目服务。

供热节能是整个供热行业所共同提倡的，供热行业智能化是大势所趋。在经济效益方面，应不断提高供热技术，提高利用效率，达到减少能耗的效果。供热改造有效地利用了传感器、数据传输等设备，使得整个供热行业智能化，有效地减少了运行能耗。和传统的供热相比，该供热系统在运行、管理、输配、服务等方面均实现了智能化。智能化供暖应用了物联网、大数据、云计算等新一代信息技术提升供热系统的节能效果。新一代信息技术的进步推动了供热行业的智能化，使得太阳能供热行业有很大的发展前景。

10.2　案　例　概　况

10.2.1　土建资料

本案例是济南市华驿酒店太阳能供热系统设计。该建筑共三层，建筑面积为 2661.33m²，建筑总高度为 11.10m。华驿酒店一楼为包间，二楼、三楼为客房，另还有厨房、储物间等。本项目位于山东省济南市，东经 117°00'，北纬 36°43'。查询济南气象参数，确定室内室外温度，根据华驿酒店地理位置及气象条件，综合考虑各种因素，为华驿酒店进行太阳能供热进行设计。

10.2.2　气象资料

10.2.2.1　室外计算参数

济南市华驿酒店室外气象参数见表 10.1。

表 10.1　室外气象参数表

参　数　名　称	参　数　值	参　数　名　称	参　数　值
东经	117°00'	冬季通风室外计算温度	−2℃
北纬	36°43'	冬季室外平均风速	3.2m/s
相对湿度	0.54	冬季室外大气压力	101020Pa
冬季供暖室外计算温度	−7℃		

10.2.2.2　室内设计参数

济南市华驿酒店室内设计温度见表 10.2。

表 10.2　室 内 设 计 温 度

房间	客房	包间	会议室	厨房	储物间	洗手间	大厅	楼梯间	走廊
温度/℃	20	18	18	18	16	16	16	16	16

10.2.3　太阳能辐照量

根据《民用建筑太阳能供热系统工程技术手册》（GB 50736—2012）查得济南市太阳能辐照数据（单位：MJ/m²），参照济南市气象观测站数据，济南市东经 117°00'，北纬 36°43'，太阳辐照量见表 10.3。

表 10.3　济 南 市 太 阳 辐 照 量

纬度	年平均气温/℃	水　平　面		斜　面		斜面修正系数
		年平均总太阳能辐照量/[MJ/(m²·a)]	年平均日太阳辐照量/[kJ/(m²·d)]	年平均总太阳能辐照量/[MJ/(m²·a)]	年平均日太阳辐照量/[kJ/(m²·d)]	
36°43'	14.7	5125.72	14043.06	5837.83	15994.06	1.0630

根据《民用建筑太阳能供热系统工程技术手册》（GB 50736—2012）附录 B 查得济南市（北纬 $36°43'$，东经 $117°00'$）倾斜面上的辐照量补偿比。

根据表 10.3 查得济南市倾斜面上年日均总辐照量为 15994.06kJ/(m² · d)，济南市纬度为 $36°43'$，冬季供热时太阳能集热器倾角一般要比当地纬度大 $10°$ 左右集热效率最高，所以济南市太阳能集热器向南倾角 $47°$ 摆放。太阳能集热器向南倾角 $47°$ 时，根据《设计手册》查得集热面积补偿比为 100%，根据计算可知，济南市集热器倾斜面上的年日均总辐照量为 15994.06kJ/m²。

10.3 供热负荷计算

10.3.1 热负荷计算

太阳能集热器系统所承受的热负荷是通过计算供暖季节的建筑热负荷来确定的，包括围护结构耗热量、空气渗透耗热量以及由于照明、电器等使用造成的内部的热量。由于本设计是酒店，人流量不稳定，照明、电器使用耗热量也不是很多，所以华驿酒店内部的热量可忽略不计。

10.3.1.1 围护结构的基本耗热量

围护结构基本耗热量公式为

$$Q_{HT} = \alpha K F(t_i - t_e)$$

式中　Q_{HT}——通过围护结构的传热耗热量，W；

　　　t_i——室内空气计算温度，℃；

　　　t_e——采暖期室外平均温度，℃；

　　　α——围护结构的温差修正系数；

　　　K——围护结构传热系数，W/(m² · ℃)；

　　　F——围护结构面积，m²。

华驿酒店围护结构传热系数 K 见表 10.4。

表 10.4　　　　　　　　　华驿酒店围护结构传热系数 K 表

墙体	材　　质	传热系数 K /[W/(m² · ℃)]
外墙	两侧 20mm 水泥砂浆，300mm 陶粒空心砌块，80mm 轻质保温苯板	0.60
内墙	两侧 20mm 水泥砂浆，120mm 厚的彩色钢板岩棉夹心板	0.35
外窗	单框塑钢双层玻璃窗	2.50
外门	白钢玻璃门	1.50
内门	木门	2.91
屋面	钢筋混凝土板（140mm 聚苯板）	0.30

温差修正系数：酒店房间有些会供热，有些不供热，供热房间与不供热房间相邻，供热房间围护结构与外围护结构不同，所以需要有温差修正系数。济南市华驿酒店室内房间都供热，所以温差修正系数都取 1，参数详情见表 10.5。

表 10.5　　　　　　　　　围护结构的温差修正系数 α

序号	围 护 结 构 特 征	α
1	外墙、屋顶、地面以及室外相通的楼板等	1.00
2	闷顶和与室外空气相通的非采暖地下室上面的楼板等	0.90
3	与有外门窗的不采暖楼梯间相邻的隔墙（1~6 层建筑）	0.60
4	与有外门窗的不采暖楼梯间相邻的隔墙（7~30 层建筑）	0.50
5	非采暖地下室上面的楼板，外墙有窗时	0.75
6	非采暖地下室上面的楼板，外墙上无窗且位于室外地坪以上时	0.60
7	非采暖地下室上面的楼板，外墙上无窗且位于室外地坪以下时	0.40
8	与有外门窗的非采暖房间相邻的隔墙、防震缝墙	0.70
9	与无外门窗的非采暖房间相邻的隔墙	0.40
10	伸缩缝墙、沉降缝墙	0.30

地面的传热系数：地面不是保温地面，对于地面传热的计算使用划地带法，以 8m 为限，地面越靠近外墙热阻越小，地面与外墙的距离超过 8m 传热不变。地面的传热系数见表 10.6。

表 10.6　　　　　　　　　地 面 的 传 热 系 数 K_0

地　　带	$K_0/[\mathrm{W}/(\mathrm{m^2 \cdot ℃})]$	地　　带	$K_0/[\mathrm{W}/(\mathrm{m^2 \cdot ℃})]$
第一地带	0.47	第三地带	0.12
第二地带	0.23	第四地带	0.07

10.3.1.2　围护结构的附加耗热量

1. 朝向修正耗热量

朝向修正率见表 10.7。

表 10.7　　　　　　　　　朝　向　修　正　率

朝向	东	南	西	北
修正率/%	-5	-20	-5	5

2. 风力附加耗热量

在没有遮挡，不避风的荒野或河边建造的房屋，以及城乡特别高的建筑物，风力附加 5%~10%。华驿酒店位于济南市某街道并且高度不是很高，所以不需要考虑风力附加。

3. 高度附加耗热量

除了楼梯间，其他供热房间高度超过 4m 需要附加耗热量，每超出 1m 附加 2%，但总体附加率不应大于 15%。华驿酒店三层房间高度都没有超过 4m，所以不需要高度附加耗热量。

10.3.1.3 空气渗透耗热量

渗透总空气量的计算公式为

$$Q_{INF} = 0.28 C_P \rho L (t_i - t_e)$$

式中　Q_{INF}——空气渗透耗热量，W；

$\quad C_P$——空气比热容，取 $1kJ/(kg \cdot ℃)$；

$\quad \rho$——空气密度，kg/m^3；

$\quad L$——渗透冷空气量，m^3/h。

每平方米窗缝隙渗入的空气量见表10.8。

表 10.8　　　　　　每平方米窗缝隙渗入的空气量 L　　　　　　单位：m^3/h

门窗类型	冬季室外平均风速/(m/s)					
	1	2	3	4	5	6
单层木窗	1	2.0	3.1	4.3	5.5	6.7
双层木窗	0.7	1.4	2.2	3	3.9	4.7
单层钢窗	0.6	1.5	2.6	3.9	5.2	6.7
双层钢窗	0.4	1.1	1.8	2.7	3.6	4.7
推拉铝窗	0.2	0.5	1.0	1.6	2.3	2.9
平开铝窗	0	0.1	0.3	0.4	0.6	0.8

空气渗透朝向修正系数见表10.9。

表 10.9　　　　　　空气渗透朝向修正系数 n 值

地点	北	东北	东	东南	南	西南	西	北
济南	0.45	1.00	1.00	0.40	0.55	0.55	0.25	0.15

10.3.2　各房间热负荷计算简略表

房间总热负荷简略计算见表10.10。

表 10.10　　　　　　房间总热负荷简略计算表

楼层	房　间	地面面积 /m^2	各项负荷值		
			热负荷/W	总热负荷/W	热指标/(W/m^2)
1层	1001［洗手间1001］	24.57	626.10	626.10	25.50
	1002［包间1002］	49.14	1477.30	1477.30	30.10
	休息区［休息区］	73.71	1643.30	1643.30	22.30
	1003［包间1003］	49.14	1461.90	1461.90	29.70
	1004［休息室1004］	24.57	703.50	703.50	28.60
	1005［饮品区1005］	24.57	730.30	730.30	29.70
	1006［洗手间1006］	24.57	626.10	626.10	25.50

续表

楼层	房　间	地面面积/m²	各项负荷值		
			热负荷/W	总热负荷/W	热指标/(W/m²)
1层	1007［厨房1007］	49.14	1863.80	1863.80	37.90
	1008［包间1008］	24.57	595.20	595.20	24.20
	1009［包间1009］	73.71	1861.40	1861.40	25.30
	大厅［大厅］	49.14	1167.30	1167.30	23.80
	1010［包间1010］	24.57	629.40	629.40	25.60
	1011~1013［包间］×3	24.57	612.20	612.20	24.90
	1014［包间1014］	49.14	1851.50	1851.50	37.70
	走廊［走廊］	148.77	1995.60	1995.60	13.40
2层	2001［储物间2001］	24.57	450.00	450.00	18.30
	2002［客房2002］	24.57	597.50	597.50	24.30
	2003［客房2003］	24.57	597.50	597.50	24.30
	休息区［休息区］	73.71	910.50	910.50	12.40
	2004［套房2004］	49.14	1183.90	1183.90	24.10
	2005［套房客厅2005］	22.68	565.80	565.80	24.90
	2006［客房2006］	24.57	597.50	597.50	24.30
	2007［储物间2007］	24.57	448.70	448.70	18.30
	2008［客房2008］	49.14	1484.80	1484.80	30.20
	2009~2010［客房］×2	24.57	446.70	446.70	18.20
	2013~2016［客房］×4	24.57	446.70	446.70	18.20
	2011~2012［客房］×2	49.14	896.70	896.70	18.20
	2017［客房2017］	49.14	1406.20	1406.20	28.60
	走廊［走廊］	148.77	608.70	608.70	4.10
3层	3001［监控室］	24.57	604.20	604.20	24.60
	3002［客房3002］	24.57	780.10	780.10	31.70
	3003［客房3003］	24.57	780.10	780.10	31.70
	休息区［休息区］	73.71	1378.00	1378.00	18.70
	3004［套房3004］	49.14	1528.40	1528.40	31.10
	3005［套房客厅3005］	24.57	748.30	748.30	30.50
	3006［客房3006］	24.57	780.10	780.10	31.70
	3007［储物间3007］	24.57	604.20	604.20	24.60
	3008［客房3008］	49.14	1852.70	1852.70	37.70
	3009~3010［客房］×2	24.57	629.90	629.90	25.60
	3011［客房3011］	49.17	1248.60	1248.60	25.40
	3012［客房3012］	49.14	1267.80	1267.80	25.80

续表

楼层	房　间	地面面积/m²	各项负荷值		
			热负荷/W	总热负荷/W	热指标/(W/m²)
3层	3013～3014［职工宿舍］×2	49.14	1267.80	1267.80	25.80
	3015［客房3015］	49.14	1771.40	1771.40	36.00
	走廊［走廊］	148.77	1636.90	1636.90	11.00
楼梯间	西楼梯间［西楼梯间］	24.57	2916.20	2916.20	118.70
	中楼梯间［中楼梯间］	24.57	1640.60	1640.60	66.80
	东楼梯间［东楼梯间］	24.57	2972.90	2972.90	121.00
济南市华驿酒店热负荷小计		2360.90	58699.90	58699.90	24.90
工程合计		2360.90	58699.90	58699.90	24.90

10.4　太阳能设备选型

10.4.1　集热面积

太阳能供热系统保证率的选值范围见表10.11。

表10.11　　　　　　　太阳能供热系统保证率的选值范围

资　源　区　划	短期蓄热系统保证率	季节蓄热系统保证率
Ⅰ 资源丰富区	≥50%	≥70%
Ⅱ 资源较富区	30%～50%	50%～60%
Ⅲ 资源一般区	20%～40%	40%～50%
Ⅳ 资源贫乏区	10%～30%	20%～40%

济南市属于资源一般区，集热器面积计算为

$$A_c = \frac{86400Q_H f}{J_T \eta_{cd}(1-\eta_L)}$$

式中　A_c——直接系统集热器采光面积，m²；

　　　Q_H——太阳能供热采暖系统的设计负荷，W；

　　　J_T——当地集热器受热倾斜面上年平均日均总辐照量，取15994.06kJ/(m²·d)；

　　　f——太阳能保证率，取0.4；

　　　η_{cd}——集热器全日集热效率，取0.45；

　　　η_L——管路及储水箱热损失率，取0.2。

10.4.2　生活用水热负荷

本设计酒店共三层，假设该酒店流动性人员60人左右，根据系统设计本次太阳能供热水温度为55℃，济南市地下水温为12℃，假设55℃热水每间客房一天用水100L，60人每天用热水量为6000L，太阳能供热系统日均热水负荷的计算为

$$Q_w = \frac{m q_r c_w \rho_w (t_r - t_1)}{86400}$$

式中　Q_w——生活热水日平均耗热量，W；

　　　m——用水计算单位数，人数或床位数；

　　　q_r——热水用水定额，L/（人·d）；

　　　c_w——水的比热容，取 4187J/（kg·℃）；

　　　t_r——热水温度，℃；

　　　ρ_w——热水密度，kg/L；

　　　t_1——冷水温度，℃。

计算得生活热水日平均耗热量为 12.503kW。

经过比较，济南市华驿酒店太阳能供热采暖系统设计热负荷 Q_H 应选取建筑采暖耗热量，即 58.70kW。

10.4.3　太阳能集热器选型

集热器面积根据采暖负荷进行计算。已知采暖季酒店热负荷为 $Q_H = 58.70$kW，根据计算后得到集热器面积 $A_c = 352.33\text{m}^2$。

在此设计中，选用低温型太阳能集热器，华驿酒店的屋顶是平屋顶，周围没有遮挡，屋面面积及屋面承载力满足设计要求。太阳能集热器选取三高紫金管，金属—玻璃真空管集热性能较好，太阳能集热器性能参数见表 10.12。

表 10.12　　　　　　　　　　　太阳能集热器性能参数表

产品型号	SLQBS5850 - 12 型
外形尺寸	3700mm×2000mm
规格数量	Φ58mm×1800mm×50 支
集热器件	三高紫金管
集热面积	8.4m²
自重	180kg（含水）
承压能力	0.05～0.10MPa
内胆材料	Φ63mm PP－R/SUS304 不锈钢钎焊集热管
密封形式	硅橡胶圈密封
外壳材料	彩涂铝板/钢板喷塑铝合金扣盖
保温材料	40mm 聚氨酯整体发泡
支架材料	热镀锌板折弯型材喷塑
集热功率	日太阳辐照量：20.0MJ/m²、集热输出 3.4kW/组
热水补偿	济南地区：40L/h，$\Delta t = 35$℃

太阳能集热器采用高性能三高紫金管型集热器 42 组，太阳能集热器布置在楼顶顶部，系统水箱位于楼顶，水箱应与楼顶集热器摆放位置位于同一平面，控制系统位于楼顶设备间内。

10.4.4 储热水箱选型

储热水箱容积计算为

$$V = A_c B_1$$

式中 B_1——单位采光面积平均每日的产热水量，此处取 $90L/(m^2 \cdot d)$；

V——集热系统储热水箱有效容积，L；

A_c——太阳能系统集热器采光面积，m^2。

计算得储热水箱有效容积为 31709.70L，在此选取 32t 不锈钢储热水箱。储热水箱参数见表 10.13。

表 10.13　　　　　　　　储热水箱性能参数表

水　箱	材　料	水　箱	材　料
外层材料	0.5mm 彩钢板焊接	内胆材料	SUS304 食品级不锈钢板材焊接
中间保温层	50mm 厚聚氨酯		

这种储热水箱耐腐蚀性强，可永久不生锈，水箱采用氩弧焊接，使用年限长，并且重量是普通钢制品的 0.2～0.3，重量比较轻，方便施工，保温性能强，水箱装有检修上人孔和爬梯，方便以后维修。

10.4.5 太阳能辅助热源设计

当阴天或下雨下雪时，太阳能光照不足，太阳能集热器采暖不足以达到房间供热要求，所以需要设置辅助热源辅助太阳能集热器进行供热。

太阳能供热采暖常用的辅助热源主要有蒸汽或热水、燃油或燃气、电、热泵四种。华驿酒店设计对这四种辅助热源进行了经济分析，太阳能寿命为 15 年，具体数据见表 10.14。

表 10.14　　　　　　　　辅 助 热 源 特 性 参 数

热源种类	电	集中蒸汽	天然气	热泵
能源价格	0.7 元/(kW·h)	187.5 元/t	2.7 元/m^2	0.7 元/(kW·h)
单位发热量	3600kJ/(kW·h)	2468kJ/kg	34000kJ/m^3	3600kJ/(kW·h)
能源转化效率	0.96	0.78	0.85	2.5

4 种辅助热源与太阳能集热器搭配价格见表 10.15。

表 10.15　　　　　　4 种辅助热源与太阳能集热器搭配价格

方　案	太阳能＋电	太阳能＋集中蒸汽	太阳能＋天然气	太阳能＋热泵
综合能源价格/(元/MJ)	0.194	0.103	0.104	0.157

根据对比，选用太阳能＋集中蒸汽的辅助热源方案。

10.4.6 控制系统设计

太阳能供热采暖系统热源是太阳能，由于天气等因素影响，吸收太阳能是不稳定的，为了使能源利用最大化，设置控制系统进行调控。济南市华驿酒店太阳能集热系统使用温差循环控制。太阳能集热系统防冻、防过热、辅助热源运行都通过控制器自动控制电磁阀或水泵运行。

10.4.6.1　系统防冻控制

太阳能集热系统防冻措施有排空、排回、循环或装防冻液等。华驿酒店不是处于严寒地区，所以华驿酒店太阳能集热系统选用循环的防冻方法，华驿酒店防冻温度设为 5℃当集热器出水温度低于 5℃时，控制器控制循环泵进行防冻循环。

10.4.6.2　系统防过热控制

华驿酒店太阳能集热系统防过热温度设定为 80℃，当温度传感器检测到集热器出口处水温和储热水箱里的水温高于 80℃时，控制器开始控制系统运行，防止系统过热造成损害。

10.4.6.3　太阳能和辅助热源运行切换控制

当集热器吸收的阳光不够，集热器出水温度达不到供热温度时，需要辅助热源辅助加热，控制器控制电磁阀让辅助热源设备开始运行，对储热水箱里的水进行加热，当热水被加热到 75℃时，控制器控制电磁阀让辅助热源设备停止工作。

10.5　系统形式和供热末端的选择

10.5.1　系统形式的分类及确定

供热系统传热介质一般有热水、热风、蒸汽三种，本案例是酒店供热，需要稳定可持续长时间供热的介质，所以本案例选用水作为传热介质。以水为传热介质的供热系统有以下分类：

（1）按照系统循环动力不同，分为机械循环和重力循环。机械循环需要依靠外力对流体加压提供动力运行；重力循环是自然循环，不需要外力提供动力，主要依靠流体密度差运行。机械循环作用压力大，能够持续稳定地运行，重力循环流体密度差达不到时容易间停，所以华驿酒店选用机械循环。

（2）按照热水进入散热器和从散热器出去的方式不同，分为单管式系统和双管式系统。单管式系统热水介质依次流过散热器，进入散热器的温度不同；双管式系统热水介质同时进入散热器，每组散热器温度相同。华驿酒店根据房间功能不同，设置的温度也不同，为了方便调节室内温度，本案例选用双管式系统。

（3）按照管路布置方式不同，分为水平式供热系统和垂直式供热系统。水平式供热系统所用管材少，管道布置简单，比较容易施工，但是容易因为管段接口伸缩补偿不好发生漏水现象，排气方式也比较复杂，需要在散热器上安装冷风阀分散排气。垂直式供热系统前期施工比较麻烦，管材需要得多，但是占地面积小，排气方式比较简单，只需要在一些立管顶端安装排气阀即可，后期维修方便。所以华驿酒店选用垂直式供热系统。

（4）按照管段不同，分为同程系统和异程系统。同程系统容易做到水力平衡，但是需要的管材多，施工费力，管道安装可能会影响酒店的美观；同程系统供水和回水的干管坡度不同，施工时供水干管和回水干管不能按照一定的距离并排敷设。异程系统水力不容易平衡，但是做好水力计算，就可以保持水力平衡，异程水力平衡失调也方便调节；异程系统回水干管比较短，节约管材，并且施工时可以同时并排敷设，方便施工。华驿酒店供热系统要求美观、节材、施工方便，所以比较同程系统和异程系统后，本案例选用异程系统。

（5）按照热水介质温度不同，可以分为低于100℃的低温水供热系统和高于100℃的高温水供热系统。室内供热大多采用低温水供热，所以华驿酒店选取低于100℃的低温水供热系统。

根据上面的比较选择，最后华驿酒店供热系统设计选择机械循环垂直式上供下回式双管异程系统。设置A和设置B两个热力入口以方便管道水力平衡。

10.5.2　供暖末端的选择

供暖末端有风机盘管、地暖、散热器三种供热方式。风机盘管适用于大型建筑，华驿酒店建筑不是很大，所以不考虑风机盘管供热。地暖供热是热量通过地板辐射进行散热的，比较符合人体舒适度需求，比较节能，但是对装修要求比较高，不能破坏地面，地板供热管道完全埋在房间地板下，如果管路出现问题，维修很麻烦，需要撬开整个地板进行维修，这样安装好的地板会被破坏，损失相对来说比较大，并且地暖不适合安装在木质地板下。散热器是通过室内空气循环实现对流散热的取暖方式，散热器供热是自上而下的热对流方式供热，舒适度相对差一些，但是成本低，安装简单方便，对房间装修没有什么要求，并且制热效率高，可以随用随开。酒店人流量较大且不稳定，并且为了防滑可能会安装木质地板，地暖和散热器两者相比较，为了方便维修、节约成本和施工时间，华驿酒店供热设计采用散热器供热。

10.6　散热器的选型计算

10.6.1　散热器的选用原则

散热器是最常用的散热设备，选型要求如下：

（1）工作压力要求。散热器应根据酒店供热系统承压能力进行选择，散热器工作压力并不是越大越好，应选择与酒店供热系统工作压力和循环水泵扬程相符合的。

（2）热工性能要求。选择传热系数大的散热器，传热系数越大的散热器散热面积越大，向房间散出的热量就越多，就可以减少散热器片数，节约成本。

（3）成本要求。散热器选择要考虑成本，在成本相差不大的情况下优先选择性能高的散热器。

（4）外观要求。散热器选择比较美观的，要与酒店布置相符合，并且方便清洁，时刻保持干净。

（5）使用要求。散热器占地面积要小，结构应该牢固，应选择耐腐蚀能力强、不容易损坏的，确保使用时间长，传热效率稳定。

10.6.2　散热器的选型

常见的散热器有铸铁散热器、钢制散热器、铜铝复合散热器。

1. 铸铁散热器

铸铁散热器有柱形、翼形、柱翼形。结构比较简单，成本低，使用年限比较长，但是相比于钢制散热器承压能力低，外形不美观，款式老旧，金属消耗量大。

2. 钢制散热器

钢制散热器耐压能力比较强，价格在铸铁散热器和铜铝散热器中间，外形比较美观，片数规格相同情况下钢制散热器散热面积比铸铁散热器大，比铜铝复合散热器散热面积小。钢制散热器对水质要求比较高，自来水中的氧容易造成腐蚀，在不供暖的季节钢制散热器需要放满水进行保养。钢制散热器比较重，对墙体负重有要求。

3. 铜铝复合散热器

铜铝复合散热器导热性能好，比铸铁散热器和钢制散热器升温快，散热能力强，但是价格相比于另外两种散热器是最贵的。铜铝复合散热器耐腐蚀性强，不需要做内部防腐处理，现在使用最多的是铜铝复合柱翼散热器，使用年限长，加工简单，外形美观。

根据上述，总体来看铜铝复合散热器各方面性能优于铸铁散热器和钢制散热器，所以华驿酒店太阳能供热设计中，选用型号为 700mmTLZY8-6/7-1.0 的铜铝复合柱翼散热器。散热器参数见表 10.16。

表 10.16　　　　　　　　　　散 热 器 参 数

散热器型号	长度×宽度/mm	工作压力/MPa	进水口径/mm	散热面积/m²	散热量/(W/片)	水容量/L
700mmTLZY8-6/7-1.0	80×60	1.0	DN20	0.564	155	0.260

10.6.3　散热器的计算

10.6.3.1　散热面积

散热器的面积 F 计算为

$$F=\frac{Q}{K(t_{pj}-t_n)}\beta_1\beta_2\beta_3$$

式中　Q——散热器的散热量，W；

　　　t_{pj}——散热器内热媒平均温度，℃；

　　　t_n——供暖室内计算温度，℃；

　　　K——散热器的传热系数，W/(m²·℃)；

β_1——散热器组装片数修正系数；

β_2——散热器连接形式修正系数；

β_3——散热器安装形式修正系数。

10.6.3.2　散热器内热媒平均温度

t_{pj}为散热器进出口水温的算术平均值，即

$$t_{pj}=(t_{sg}+t_{sh})/2$$

式中　t_{sg}——散热器进水温度，℃；

t_{sh}——散热器出水温度，℃。

10.6.3.3　散热器片数

计算所需散热器的总片数计算为

$$n=F/f$$

式中　F——散热器散热面积，m^2；

f——每片或每米长的散热器散热面积，$m^2/$片。

由于每组片数未确定，先按 $\beta_1=1$，$\beta_2=1.02$，$\beta_3=1$ 计算，然后根据每组片数乘以修正系数 β_1，最后确定散热器面积，片数 n 取整数。

10.6.4　散热器的布置

（1）散热器安装在外墙的窗台下，当一个房间有多个窗户时，散热器安装在大的窗户下面。

（2）散热器不能安装在比较高的地方，华驿酒店设计中散热器底端距离地面150mm，背面距离墙面6mm，散热器上端与窗台距离大于50mm。

（3）华驿酒店楼梯间也设置了散热器，楼梯间的散热器按比例分配在一层和二层。有冻裂损害时，应有单独供水管进行供热，不可以装配调节阀。

（4）在同一个房间内的散热器如果不止有一组，为了施工方便，散热器组之间可以串联，串联的管径选取要相同。

10.6.5　散热器的计算示例

1. 对一楼包间1002进行计算

包间1002的室内温度为18℃，平均热媒温度为62.5℃。则散热器的传热系数为

$$K=1.504\Delta t^{0.25}=1.504\times44.5^{0.25}=3.88[W/(m^2\cdot℃)]$$

修正系数：散热器组装片数修正系数，先假定 $\beta_1=1.0$；散热器连接形式修正系数，先假定 $\beta_2=1.02$；散热器安装形式修正系数，先假定 $\beta_3=1.0$。计算散热面积得

$$F=\frac{Q}{K\Delta t}\beta_1\beta_2\beta_3=\frac{1447.3}{3.88\times44.5}\times1\times1.02\times1=8.55(m^2)$$

华驿酒店设计中所选用的散热器每片散热面积为 $0.564m^2$，计算片数 n 为

$$n=F/f=8.55/0.564=15.20(片)\approx16(片)$$

散热器片数为大于 20 片时，需要进行修正，此时 $\beta_1=1.1$，而此包间采用散热器数未超过 20 片，不需要修正，则应采用中心距 700mmTLZY8 - 6/7 - 1.0 的铜铝复合型散热器 16 片，分为 2 组，1 组 8 片。

2. 对二楼客房 2017 进行计算

客房 2017 的室内温度为 20℃，平均热媒温度为 62.5℃，则散热器的传热系数为

$$K=1.504\Delta t^{0.25}=1.504\times42.5^{0.25}=3.83[\mathrm{W/(m^2\cdot℃)}]$$

散热面积 $F=\dfrac{Q}{K\Delta t}\beta_1\beta_2\beta_3=\dfrac{1406.2}{3.83\times42.5}\times1\times1.02\times1=8.81(\mathrm{m^2})$

片数 n　　　　$n=F/f=8.81/0.564=15.62(片)\approx16(片)$

则应采用中心距 700mmTLZY8 - 6/7 - 1.0 的铜铝复合型散热器 16 片，分为3 组、2 组 5 片、1 组 6 片。

散热器计算书见表 10.17。

表 10.17　　　　　　　　　　　散 热 器 计 算 书

楼层	房 间 名 称	热负荷 /W	室温 /℃	$t_{pj}-t_{pn}$ /℃	传热系数 /[W/(m²·℃)]	实际散热器面积 /m²	实际散热器总片数/片	散热器组数 /组	每组散热器片数/片
1 层	1001 洗手间	626.1	16	46.5	3.93	3.42	6	2	3
	1002 包间	1477.3	18	44.5	3.88	8.56	16	2	8
	休息区	1643.3	16	46.5	3.93	8.99	16	2	8
	1003 包间	1461.9	18	44.5	3.88	8.45	15	2	8
	1004 休息区	703.5	18	44.5	3.88	4.07	7	1	7
	1005 饮品区	730.3	18	44.5	3.88	4.23	8	1	8
	1006 洗手间	626.1	16	46.5	3.93	3.42	6	2	3
	1007 厨房	1863.8	18	44.5	3.88	10.79	19	3	7+2×6
	1008 包间	595.2	18	44.5	3.88	3.45	6	1	6
	1009 包间	1861.9	18	44.5	3.88	9.88	18	3	6
	大厅	1167.3	16	46.5	3.93	6.39	12	2	6
	1010 包间	629.4	18	44.5	3.88	3.65	7	1	7
	1011 包间	612.2	18	44.5	3.88	3.55	7	1	7
	1012 包间	612.2	18	44.5	3.88	3.55	7	1	7
	1013 包间	612.2	18	44.5	3.88	3.55	7	1	7
	1014 包间	1851.5	18	44.5	3.88	10.72	19	3	7+2×6
	走廊	1995.6	16	46.5	3.93	10.92	20	2	10
2 层	2001 储物间	450.0	16	46.5	3.93	2.46	5	1	5
	2002 客房	597.5	20	42.5	3.83	3.67	7	1	7
	2003 客房	597.5	20	42.5	3.83	3.67	7	1	7

楼层	房间名称	热负荷/W	室温/℃	$t_{pj}-t_{pn}$/℃	传热系数/[W/(m²·℃)]	实际散热器面积/m²	实际散热器总片数/片	散热器组数/组	每组散热器片数/片
2层	休息区	910.5	16	46.5	3.93	4.98	9	2	5
	2004 套房	1183.9	20	42.5	3.83	7.27	13	2	7
	2005 套房客厅	565.8	20	42.5	3.83	3.48	6	1	6
	2006 客房	597.5	20	42.5	3.83	3.67	7	1	7
	2007 储物间	448.7	16	46.5	3.93	2.46	5	1	5
	2008 客房	1484.8	20	42.5	3.83	9.12	17	3	5+2×6
	2009 客房	446.7	20	42.5	3.83	2.74	5	1	5
	2010 客房	446.7	20	42.5	3.83	2.74	5	1	5
	2011 客房	896.7	20	42.5	3.83	5.51	10	2	5
	2012 客房	896.7	20	42.5	3.83	5.51	10	2	5
	2013 客房	446.7	20	42.5	3.83	2.74	5	1	5
	2014 客房	446.7	20	42.5	3.83	2.74	5	1	5
	2015 客房	446.7	20	42.5	3.83	2.74	5	1	5
	2016 客房	446.7	20	42.5	3.83	2.74	5	1	5
	2017 客房	1406.2	20	42.5	3.83	8.63	16	3	6+2×5
	走廊	608.7	16	46.5	3.93	3.33	6	2	3
3层	3001 监控室	604.2	16	46.5	3.93	3.31	6	1	6
	3002 客房	780.1	20	42.5	3.83	4.79	9	1	9
	3003 客房	780.1	20	42.5	3.83	4.79	9	1	9
	休息区	1378	16	46.5	3.93	7.54	14	2	7
	3004 套房	1551.8	20	42.5	3.83	9.57	17	2	9
	3005 套房客厅	748.3	20	42.5	3.83	4.60	8	1	8
	3006 客房	780.1	20	42.5	3.83	4.79	9	1	9
	3007 储物间	604.2	16	46.5	3.93	3.31	6	1	6
	3008 客房	1852.7	20	42.5	3.83	11.38	21	3	7
	3009 客房	629.9	20	42.5	3.83	3.87	7	1	7
	3010 客房	629.9	20	42.5	3.83	3.87	7	1	7
	3011 客房	1248.6	20	42.5	3.83	7.67	14	2	7
	3012 客房	1267.8	20	42.5	3.83	7.79	14	2	7
	3013 男职宿舍	1267.8	20	42.5	3.83	7.79	14	2	7
	3014 女职宿舍	1267.8	20	42.5	3.83	7.79	14	2	7
	3015 客房	1771.4	20	42.5	3.83	10.88	20	3	7
	走廊	1636.9	16	46.5	3.93	8.96	16	2	8

续表

楼层	房间名称	热负荷 /W	室温 /℃	$t_{pj}-t_{pn}$ /℃	传热系数 /[W/(m²·℃)]	实际散热 器面积 /m²	实际散热 器总 片数/片	散热器 组数 /组	每组散热器 片数/片
楼梯 间	西楼梯间	2916.2	16	46.5	3.93	17.55	32	3	12＋10×2
	中楼梯间	1640.6	16	46.5	3.93	8.98	16	2	8
	东楼梯间	2972.9	16	46.5	3.93	17.89	32	3	12＋10×2

10.7　水　力　计　算

10.7.1　水力计算公式

为了确定管路水流量是否满足散热器所需的水量需要进行水力计算。

压力损失分为两部分：一部分是沿程损失，另一部分是局部损失。流体在流动时会与管道产生摩擦，克服摩擦而损失的能量就是沿程损失；由于弯头、阀门等局部部件和流体碰撞而改变流体速度，克服这部分的损失是局部损失。供热管道压力损失计算为

$$\Delta P=\Delta P_{y}+\Delta P_{j}=Rl+\Delta P_{j}$$

式中　ΔP——计算管段的压力损失，Pa；

　　　ΔP_{y}——计算管段的沿程损失，Pa；

　　　ΔP_{j}——计算管段的局部损失，Pa；

　　　R——每米管长的沿程损失，Pa/m；

　　　l——管段长度，m。

10.7.2　水力计算步骤

（1）选取最不利环路，对各管段编号，标明管长和热负荷。

（2）计算最不利环路作用压力，根据各管段热负荷，计算各管段的流量 G，即

$$G=\frac{0.86Q}{t_{g}'-t_{h}'}$$

式中　Q——管段的热负荷，W；

　　　t_{g}'——系统的设计供水温度，取 75℃；

　　　t_{h}'——系统的设计回水温度，取 50℃。

（3）根据流量 G，查出各管段的 d、R、v 的值，然后算出总阻力。当系统压力损失有限时，平均单位长度摩擦损失的计算为

$$\Delta P_{m}=\frac{\alpha\Delta p}{\sum l}$$

式中　ΔP_{m}——平均单位长度摩擦损失，Pa/m；

　　　α——摩擦损失占总压力损失的百分数，%；

Δp——系统允许的总压力损失，Pa；

$\sum l$——最不利环路总长度，m。

（4）对各管路进行压力平衡计算，各管路之间压力损失相对差额不大于15%，如果不能满足平衡，调整管径让其平衡，平衡以后管径就确定了。

10.7.3 水力计算示例

以图10.1中最不利环路为例进行计算。

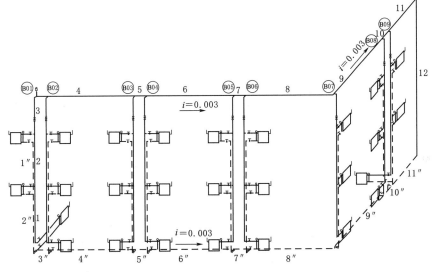

图10.1 最不利环路

（1）对图10.1最不利环路进行标号。

（2）根据计算出的热负荷，对各管段流量进行计算。管道1的计算为

$$G=\frac{0.86Q}{t'_g-t'_h}=\frac{0.86\times583.65}{75-50}=20.08(\text{kg/h})$$

取直径20mm，查出 $v=0.06$m/s，$R=1.71$Pa/m。

（3）计算沿程阻力损失：$\Delta P_y=Rl=1.71\times5=8.55(\text{Pa})$。

（4）确定动压管段1的局部阻力系数为30，动压 $\Delta P_d=0.76$Pa。

（5）局部阻力损失：$\Delta P_j=30\times0.76=22.8(\text{Pa})$。

（6）管段1压力损失：$\Delta P_y+\Delta P_g=8.55+22.8=31.35(\text{Pa})$。

表10.18为供热系统最不利水力计算。

| 表 10.18 | | | | | | | | | | | 供热系统最不利水力计算 |

管段名称编号	热负荷 Q/W	流量 G /(kg/h)	公称直径 /mm	内径 /mm	比摩阻 R /(Pa/m)	流速 v /(m/s)	长度 L /m	沿程阻力 ΔP_v /Pa	ξ	动压 /Pa	局部阻力 ΔP_j /Pa	管段阻力 /Pa
1	583.65	20.08	20	21.25	1.71	0.0	5	9.70	30	0.76	22.8	31.35
2	1032	35.50	20	21.25	3.02	0.09	3.6	10.87	30	3.88	116.4	127.27

续表

管段名称编号	热负荷 Q/W	流量 G /(kg/h)	公称直径 /mm	内径 /mm	比摩阻 R /(Pa/m)	流速 v /(m/s)	长度 L /m	沿程阻力 ΔP_y /Pa	ξ	动压 /Pa	局部阻力 ΔP_j /Pa	管段阻力 /Pa
3	1665.90	57.31	20	21.25	11.77	0.12	4.2	49.43	33.5	4.01	134.34	183.77
4	3359.05	115.55	25	27	9.44	0.11	6.9	65.14	3	7.02	21.06	86.20
5	5052.20	173.80	32	35.75	6.02	0.14	0.9	5.42	4	12.23	48.92	54.34
6	6749.90	232.20	32	35.75	10.23	0.20	6.9	70.59	4	22.17	88.68	159.27
7	8421.2	289.69	40	35.75	5.78	0.12	0.9	5.20	3	20.53	61.59	66.79
8	10155.1	349.34	40	41	8.08	0.15	6.9	55.75	5	26.65	133.25	189
9	11889	323.38	40	41	9.15	0.19	5.40	49.41	3	28.12	84.36	133.77
10	13622.9	468.63	40	41	12.56	0.22	0.9	11.30	4	30.12	120.48	131.78
11	23342.4	802.98	50	53	5.45	0.17	8.6	46.87	3.5	23.20	81.20	128.07
12	27583.6	948.88	50	53	12.53	0.23	11.1	139.08	3.5	40.01	140.04	279.12
3′	1665.9	57.31	25	27	10.69	0.07	2.45	26.19	33.5	4.01	134.34	160.56
4′	3359.05	115.55	25	27	9.44	0.11	6.9	65.14	3	7.02	21.06	86.20
5′	5052.2	173.80	32	35.75	6.02	0.12	0.9	5.42	4	12.23	48.92	54.34
6′	6749.9	232.20	32	35.75	10.23	0.14	6.9	70.59	4	22.17	88.68	159.27
7′	8421.2	289.69	40	35.75	3.78	0.17	0.9	3.40	3	20.53	61.59	66.79
8′	10155.1	349.34	40	41	8.08	0.22	6.9	55.75	5	26.65	133.25	189
9′	11889	323.38	40	41	9.15	0.25	5.40	49.41	3	28.12	84.36	133.77
10′	13622.9	468.63	40	41	12.56	0.29	0.9	11.10	4	30.12	120.48	131.78
11′	23342.2	802.98	50	53	5.45	0.22	8.6	46.87	3.5	23.20	81.20	128.07

总阻力：2680.51Pa

10.7.4　水泵选型

10.7.4.1　水泵选型原则

（1）水泵的流量和扬程等条件满足工作要求，并且流量和扬程要有富裕的量。

（2）要考虑静压对水泵的影响，考虑水泵的外壳承压能力。

（3）流量大时可以选择多台水泵并联工作，并联数不大于 3 台，优先选择同型号的水泵。一般供热工程选择 1 台。

10.7.4.2　水泵扬程与流量

采暖系统循环流量为

$$G = 0.86 \frac{q_h F}{t_r - t_l}$$

式中　G——循环水泵质量流量，kg/h；

q_h——采暖设计热指标，取 24.86W/m²；

F——建筑面积，取 2661.33m²；

t_r——供水温度，℃；

t_1——回水温度，℃。

将数据代入公式计算后得循环水泵流量为 2275.93kg/h。

水泵扬程为

$$H=(1.1\sim1.2)H_{max}$$

式中　H_{max}——设计的最大扬程，m；

1.1~1.2——放大系数。

水泵流量 L 为

$$L=(1.1\sim1.2)L_{max}$$

式中　L_{max}——设计最大流量；

1.1~1.2——放大系数，取 1.1。

水泵流量取安全系数 1.1 计算后得 $L=1.1\times2275.92=2503.51(kg/h)$。

水泵扬程 H_P 为

$$H_P=h_f+h_d+h_m+h_1$$

式中　h_f，h_d——水系统总的沿程阻力和局部阻力损失，Pa；

h_m——设备阻力损失，20~50kPa，取 50kPa；

h_1——建筑高度差，取 110kPa。

计算得水泵扬程 $H_P=2680+50000+110000=162680(Pa)=16.27mH_2O$，取安全系数 1.1，计算得最后水泵扬程 $H_P=16.27\times1.1=17.90mH_2O$。选择型号为 ZW32-5-20 的循环水泵，采暖水泵选择型号为 IS50-32-125，水泵参数见表 10.19。

表 10.19　　　　　水　泵　参　数

型　号	流量/(m³/h)	扬程/m	电机功率/kW
ZW32-5-20	5	20	2.2
IS50-32-125	3.75~7.5	17.5~22	2.2

10.8　管材和其他设备的选用

10.8.1　管材的选取

供热采暖系统管道应选用耐腐蚀，安装连接方便、可靠的材料。常见的暖气管材有聚丁烯 PB 管、聚丙烯 PP-R 管、聚乙烯 PEX 管、铸铁管、铝塑管、镀锌钢管、焊接钢管等。华驿酒店设计管材选用镀锌钢管，镀锌钢管导热和防火性能好，并且韧性强，抗腐蚀能力强，防锈层可使用 20 年不用修补，性价比较高。华驿酒店设计中与散热器相连的管径选用 DN20，供回水管选用的管径有 DN50、DN40、DN32。

10.8.2 阀门的选择

阀门主要用来控制调节供热管内的热水流通。华驿酒店设计管道使用的阀门包括闸阀、截止阀、温控阀和自动排气阀。

10.8.2.1 闸阀

闸阀开启和关闭的原件是闸板，闸阀只能全部打开或全部关闭，不能调节和节流。闸板运动方向和热水流动方向垂直，所以开启和关闭比较省力，并且由于闸阀关闭时间长，不容易出现水锤现象。此次华驿酒店设计在各立管安装闸阀。

10.8.2.2 截止阀

截止阀对介质切断或调节有很大作用，有直通式、直角式和直流式三种。截止阀密封面积小，成本低，方便维修，使用时间久。本设计支管上选用直通式 DN20 的截止阀。

10.8.2.3 温控阀

温控阀安装在散热器上，根据房间温度自动控制阀门的大小来改变水的流量。控制元件是温包，温包感应室内温度，根据温度变化来调节阀门开闭大小，由此进行控制温度。设计根据接管的公称管径选择恒温阀口径，本设计规格选择直通式 DN20。

10.8.2.4 自动排气阀

自动排气阀是用来排气的。供热系统工作时，水在加热过程中会释放一些废气，这些废气不及时排出的话会对供热系统造成损害，降低热效应，所以这些气体必须有效、及时地排出。华驿酒店供热设计在部分立管顶端安装自动排气阀。

10.8.3 其他设备的选择

10.8.3.1 补偿器

补偿器种类很多，要根据管道的管路走向设置选择补偿器。补偿器轴向柔度大，易变形，方便补偿水管由于壁面温度不同引起的热膨胀差。自然补偿器利用补偿材料变形吸收热伸长，本设计采用自然补偿器。

10.8.2.2 Y 型过滤器

Y 型过滤器是用来清理传热介质水中杂质的，一般安装在各阀门的进口处，过滤掉杂质，保证阀门和设备的正常工作。Y 型过滤器分为两端，一端是让过滤后的传热介质水通过，一端是过滤掉杂质和废弃物。

10.9 保温材料的选用及系统施工

10.9.1 系统管道保温

为了系统运行时减少热水热量损失和节能，济南市华驿酒店太阳能供热系统各设备及管道都需要保温。常用的保温材料有岩棉、超细玻璃棉、硬聚氨酯、橡胶泡棉等。济南市华驿酒店管道保温材料选择聚氨酯硬质泡沫塑料，聚氨酯硬质泡沫塑料导热系数小、不容易吸水、重量轻、抗压能力强，管道外面不需要进行防腐处理，节省材料和费用，并且可以很好地保护聚氨酯材料的完整性，延长使用年限。济南市华驿酒店管径为 DN25、DN32、DN40、DN50 的保温层厚度为 30mm，管径为 DN20 的保温层厚度为 20mm，需要进行防腐的选择空气喷涂的方法对管道和设备进行喷漆防腐处理。

管道保温不是越厚越好，当保温层厚度到达一定边界厚度，热量反而会散失，保温层厚度见表 10.20。

表 10.20　　　　　　　　　　　热媒水管保温层厚度

水　　管	供、回水管				一次热媒水	
管径 DN/mm	15，20	25～50	65～100	>100	≤50	>50
保温层厚度/mm	20	30	40	50	40	50

10.9.2　太阳能集热设备安装

（1）太阳能集热器安装不能破坏华驿酒店的结构，不能破坏酒店的附属设施。

（2）太阳能集热器向南倾角 47°安装，位置摆放符合设计要求，两排集热器要有一定的距离，不能有物体遮挡。

（3）太阳能集热器安装方位角误差在±3°以内，可以先用指南针确定正南方向，然后用经纬仪测出方位角。

（4）太阳能支架根据设计要求选取材料，支架材料放置时选择有利于排水的位置放置。根据华驿酒店的安装条件，确定太阳能支架位置，做好防风措施，确保与固定物连接紧固，并对太阳能支架进行防腐处理。

（5）储热水箱安装与底座固定牢靠，安装时应进行检漏试验，储热水箱和支架间有隔热垫，减少热损失。

10.9.3　管道安装

华驿酒店设计供水干管和回水干管应尽量沿墙根布置，部分经过走廊门口的供回水干管设置在第一层地沟中，安装活动盖板以便维修。

管道支架有活动和固定两种类型。管道支架安装位置正确，埋设平整牢固。支架间距可按表 10.21 选择。

表 10.21　　　　　　　　　　支　架　最　大　间　距　　　　　　　　　单位：mm

公　称　直　径		15	20	25	32	40	50	70	80	100	125	150	200
支架的最大间距	保温管	2	2.5	2.5	2.5	3	3	4	4	4.5	6	7	7
	不保温管	2.5	3	3.5	4	4.5	5	6	6	6.5	7	8	9.5

管道敷设要求如下：

（1）管道直径不大于 32mm 时使用丝扣连接，管道直径不小于 40mm 时采用焊接。

（2）管道水平段和坡向设计符合要求，管道敷设做到横平竖直，预埋管道安装结束后，要对管道做好防腐处理，对焊接口进行检验，合格后回填土。

（3）管道敷设时不同管道位置相撞，小口径管道让大口径管道，支管让干管。

（4）管道穿过抗震缝时，在管道或保温层外皮四周留有不小于 150mm 的净空。

（5）在管道高点安装排气装置，避免敷设管道时造成气塞。

10.10　结　　论

该案例是济南市华驿酒店太阳能供热系统设计，根据济南市的实际气象特点和工程概况，确定了华驿酒店的采暖面积为 2661.33m²，热负荷为 58.70kW，并确定了太阳能集热器型号为 SLQBS5850-12，储热水箱选用 32t，辅助热源选用集中蒸汽。通过对比经济、施工维修是否方便选取了散热器作为供热方式，并进行了水力计算，确定了管路的管径以及系统的可行性。按照设计绘制图纸，布置管道，完成了济南市华驿酒店太阳能供热系统设计以及说明书。

该案例只是在理论上对济南市华驿酒店太阳能供热系统进行设计，实际施工过程中还会遇到很多问题，有很多方面还需要不断完善。

10.11　太阳能供热系统案例分析实习指导

10.11.1　实习目的

1. 了解太阳能供热系统设计要求。
2. 熟悉太阳能供热系统设计方法。
3. 掌握太阳能供热系统设计内容及步骤。

10.11.2　实习内容

太阳能供热系统设计。

10.11.3　实习步骤

1. 教师讲授，学生认知。
2. 分组讨论，提高认识。

10.11.4　实习结果

1. 通过实习对太阳能供热系统设计有更深层次的认识。
2. 提高了学习动力，对研究未来太阳能供热系统设计工作前景充满信心。

10.11.5　撰写实习报告

参 考 文 献

［1］ 惠晶，颜文旭．新能源发电与控制技术［M］．北京：机械工业出版社，2018.

［2］ 姚向君，田宜水．生物质能资源清洁转化利用技术［M］．北京：化学工业出版社，2004.

［3］ 袁振宏．生物质能利用原理与技术［M］．北京：化学工业出版社，2005.

［4］ 肖波，周英彪，李建芬．生物质能循环经济技术［M］．北京：化学工业出版社，2006.

［5］ 张建安，刘德华．生物质能源利用技术［M］．北京：化学工业出版社，2009.

［6］ 刘荣厚．生物质能工程［M］．北京：化学工业出版社，2009.

［7］ 路绍琰，吴丹，马来波，等．中国太阳能利用技术发展概况及趋势［J］．科技导报，2021，39（19）：66－73.

［8］ 刘宇轩，杜永英．浅谈太阳能光伏发电技术［J］．电大理工，2022（4）：7－11.

［9］ 姜浩浩，金光，郭少朋．浅谈太阳能光伏发电技术现状［J］．黑龙江工业学院学报（综合版），2021（10）：128－130.

［10］ 王金良，孟良荣，胡信国．我国铅蓄电池产业现状与发展趋势［J］．电池工业，2011，（2）：111－116.

［11］ 孙文华，何小梅．镍氢电池应用于电动车之可行性分析［J］．小型内燃机与摩托车，2009，38（1）：87－90.

［12］ 王金良．动力锂离子电池发展及技术路线探讨［J］．电池工业，2010，（4）：234－238.

［13］ 刘玮，万燕鸣，王雪颖，等．国内外氢能产业合作新模式分析与展望［J］．能源科技，2022，（1）：61－67.

［14］ 张智，赵苑瑾，蔡楠．中国氢能产业技术发展现状及未来展望［J］．天然气工业，2022，42（5）：156－165.

［15］ 徐硕，余碧莹．中国氢能技术发展现状与未来展望［J］．北京理工大学学报（社会科学版），2021，23（6）：1－12.

［16］ 黄志高．储能原理与技术［M］．北京：中国水利水电出版社，2020.